高效工作记忆法

〔日〕宇都出雅巳 ◎ 著

王军 ◎ 译

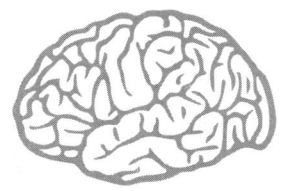

記憶力が最強の
ビジネススキルである

图书在版编目（CIP）数据

高效工作记忆法 /（日）宇都出雅巳著；王军译. —北京：北京联合出版公司，2018.9（2021.6重印）
ISBN 978-7-5596-2348-5

Ⅰ.①高… Ⅱ.①宇… ②王… Ⅲ.①记忆术 Ⅳ.①B842.3

中国版本图书馆CIP数据核字（2018）第155414号

著作权合同登记号：01-2018-4044

Original Japanese title: KIOKURYOKU GA SAIKYOUNO BUSINESS SKILL DE ARU
Text copyright © 2017 MASAMI UTSUDE
Original Japanese edition published by Kanki Publishing Inc
Simplified Chinese translation rights arranged with Kanki Publishing Inc
through The English Agency (Japan) Ltd. and Eric Yang Agency, Beijing Office

高效工作记忆法

著　　者：（日）宇都出雅巳
译　　者：王　军
总 发 行：北京时代华语国际传媒股份有限公司
责任编辑：昝亚会　夏应鹏
封面设计：吉冈雄太郎
版式设计：胡玉冰
责任校对：韩　雨

北京联合出版公司出版
（北京市西城区德外大街83号楼9层　100088）
三河市宏图印务有限公司印刷　　新华书店经销
字数150千字　　880毫米×1230毫米　1/32　　6.5印张
2018年9月第1版　　2021年6月第2次印刷
ISBN：978-7-5596-2348-5
定价：42.00元

未经许可，不得以任何方式复制或抄袭本书部分或全部内容
版权所有，侵权必究
本书若有质量问题，请与本社图书销售中心联系调换。电话：010-63783806

前言

注意力保持不了，工作迟迟完成不了。

不是不知道，重要的是"马上做"，可就是无法采取行动。

在商用读物或讲座中学到的落实不了，无法体现为工作成果。

虽是业务负责人，却记不住人的名字，想不起来。

虽然努力去思考了，却总是想不出好点子。

虽是领导，手下却不跟自己走，调动不了。

想跟对方沟通，也总是无法意气相通。

而本书，就是为解决这类烦恼，让您切实掌握"商务技能"而写。

话说回来，怎样才能掌握如此多的技能呢？

关键就在于——你的记忆力。

可能有人会想："记忆力？这不过是旧时的'遗物'。

今后的时代,较之记忆,将是'创造力'做主啦!"

应试学习另说,但在商务活动中,根本不需要什么记忆力。说到底,现在的时代,就算没有记忆力,只要你上网查,什么查不到?

的确,这样想也很正常。也的确有人主张,"'脑记'是一种无用的行为,以网络搜索推进'记忆外部化'更为高效。"

实际上,这是对记忆的严重误解。

一说到记忆,或许你会联想到所谓"死记硬背",但这只是记忆功能中微不足道的一面。

就在您阅读本书的这一刻,您是用什么来思考的呢?

为拿出新的想法,您又是用什么来思考的呢?

您所动用的,就是"记忆"。

可能你平时并没意识到,实际上,你一直在不停地动用"记忆"。

现在,您捧起这本书来读,也是在字、词、句的记忆活动中进行的。而突然想到"这样是不是更好"时,这个想法本身也并非无源之水,而是您自身的既有经验、知识或他人的成败事例及流行、时势等相关信息的记忆相互联系、共同催生的。

所以，无论是思考还是创造，都在动用我们的记忆。

也就是说，**没有记忆，既无法思考，也不会产生新的想法。**

并且，记忆所拥有的力量也不只这些。

第2章会详细讲解，记忆，在不知不觉地主导着你的思考、感情和行动。如果一个人意识不到这一点，那他（她）每一天的行动，或许就在不知不觉中被记忆操控了。

反过来说，只要理解了记忆的运作原理，就能改变你每一天的行动。

我们的人生，是由一个又一个行动累积而成的，所以，只要能改变一个又一个行动，就能改变你的人生。

进而，从第4章开始，还将对技能展开详细论述。乍看之下，技能似乎与记忆无关，实际上，诸如注意力、沟通能力、表达能力，甚至领导能力，都与"记忆"有着极大的关系。

所以，**只要理解了记忆的力量，稍微改变一下运用方式，你的"工作能力"就会产生令人惊异的飞跃。**这样一想就会明白，您的"记忆"的量与质，会对您的"工作成果"产生很大影响。

30多年来，我一直在从事心理学方法等的实践与研究，如以速读为代表的各种学习方法、心理学及心理疗法、心理

辅导及实际指导等等。并且,也一直在通过培训及讲座等,将这一过程中获得的知识与见解广而告之于众多商务人士。

最终抵达的,就是"记忆管理"的重要性。

举个例子,我们读书时,看起来读的是书,实际上,我们所读的,是书本内容与"自身记忆"之间发生的反应与共鸣。听某人说话时,也是一样的。

此外,人们解决烦恼或问题时,实现某一目标时,背后,也是当事人的"记忆"在推动或施加影响。

当然,学习与掌握前面提到的各类商务技能,也与"记忆"有着极大的关系。

商务活动中所有的重要事项,无不与"记忆"密切相关。

想通过本书告诉读者的,不只是单纯的"记住",而是"记忆"所拥有的巨大力量。

这本书,不是介绍所谓"记忆术"的,而是一本商务书籍,告诉你如何通过"记忆管理"解决开篇提到的、你在工作中遇到的各类烦恼或问题。

记忆,说它是"我们自己本身"也不为过。我们,就是"记忆"的载体。

记忆是如此重要,若轻易将其外部化,放弃记忆管理,将会在不知不觉中夺走您的商务能力。

今后的时代，"搜索笨蛋"是生存不下去的。

反过来说，你的**记忆管理能力，即记忆力，才是让你的工作能力飞跃提升，也是你求生于此后时代的"最强大的商务技能"**。

与你近在咫尺却被尘封，一动未动的"记忆"。

这正是所谓的"灯下黑"。此前，或许因为离你太近，致使你一直没能意识到它的活动。

读过本书之后，只要你能提高自己的记忆力，将记忆唤醒并有效利用，就会给你自身的工作，进而为你的人生带来一场巨大的变革！

在您改变人生的旅程中，若本书能助您一臂之力，将不胜荣幸。

宇都出雅巳

2017 年春

目录

第1章 记忆为万事之源
CHAPTER 1

002 记忆为何重要

008 记忆，在不知不觉中影响你

017 掌控记忆，你就能掌控自己的人生

第2章 记忆能改变人生
CHAPTER 2

022 为什么语言会现实化

027 改变人生的钥匙就是直面记忆，

　　它在左右你的行动

033 改变记忆程序，打造行动力

第3章 所有人都拥有卓越的记忆力

042 你已然具备了不起的记忆力

047 记忆力差异来自哪里

056 记忆力世锦赛冠军的记忆术

第4章 大脑记事本——"工作存储器"的管理方法

068 提高注意力的关键：大脑记事本"工作存储器"

080 保持注意力、提高思考能力
　　——"理解"与"记忆"的力量

090 成为简报、演讲达人

096 高效记忆书籍或教材内容

第5章 聪明人采用的记忆链接法

104 如何输入大量信息并有效利用

113 提高灵感迸发力与创造力

121 扩大人脉

第6章 记忆最佳化及提高"工作能力"的方法

- 128 将所学转化为"实用职业技能"!
- 135 职业技能不是用头脑而是用身体掌握
- 144 深化学习的框架结构
- 149 有效利用"未来记忆",打造领导能力
- 156 跟所有人交往!"潜在记忆"控制术
- 166 "框架认知能力"的训练方法
- 172 活用对方记忆,提高"表达技能"
- 183 什么记忆会给对方留下印象

- 187 结　语
- 191 参考文献

第1章

记忆为万事之源

记忆为何重要

搜索引擎不会告诉你"要搜索什么"

"原来如此!记忆,这么重要啊!"

可能,读过《前言》后会如此坦率认同的读者并不多。

大部分人都会想:"再怎么说,还不是上网一查就知道答案了,用得着特意去记忆吗?"

但是,如果说"因为一切都能上网搜索,就无须什么记忆了",那首先要明确一点,"搜索什么"呢?

不言自明的是,"我该搜什么呢?"这个问题,再怎么搜索,搜索引擎也不会告诉我们答案。

这要取决于你自己,即你的"记忆"。

各类信息因网络而共享之后,或许人们会认为,信息差距已经缩小了,实际上,差距在越拉越大。

正因置身于可上网搜索一切的时代,巨大的差距正在随"搜索什么"而不断拉开。

怎么回事呢?就让我们以信息之集大成——书籍为例说明一下。

年轻人或许无法想象,直到不久前,很多信息都是非常有限的,比如,"自己想学习的领域、想了解的知识,相关书籍里都是什么内容?"就算你想查也没有办法。

能做的就是去大书店,到书架上找;或索要出版社新书及文库目录;或去图书馆翻图书目录卡片。基本就是这几个途径。

而要进一步深化知识,就只能在读过之后,在书页最后开列的《参考文献》中寻找相关书籍,以逐渐逼近求知的核心。

并且,就算找到了想读的书,要拿到也并非易事。向书店预订,等一两周很平常,向图书馆借,只是查是否藏有该书也很花时间。

现在呢？到书店或图书馆主页上一查，马上就能知道出了什么书。而要拿到书也容易了。如果是大型书店，那就确认一下附近分店有没有，或向网络书店预订，或到图书馆主页去预约，现在都可以了。

与不久前相比，获取必要信息的速度之快已令人难以置信，且不费吹灰之力。

网络令人与人的差距不断扩大

当然，这一现象并非只限于书籍。

最近，就连很多大学课堂都免费公开了；上传到网上，随时可阅读其内容的学术论文也不在少数。

对于想学什么，或明确知道自己想学什么的人来说，学习速度较之以前蹿升，且这一速度正以加速度不断提升。

但对本无此心的人，不知道想学什么的人，网络信息也好，搜索引擎也罢，不过是抱着金饭碗挨饿。甚至，有可能只因打发一时无聊，沉溺于娱乐信息陷阱而无法自拔。

这会出现什么结果呢？这会产生比以往更大的信息差距、知识差距、能力差距，进而是更大的收入及生活差距。

不要说扩大，你的世界正越缩越小

还有一点想告诉各位读者。

网络时代中很多人都没注意到这样一个事实：你的世界，看似随网络而扩大，实际上，存在着越缩越小的可能。

因为网络，要认识、结识与自己兴趣相投、想法相近的人，比以往任何时候都要简单。而其结果，就是很容易陷入与自己意见相近，令你感到"舒适"的想法中。

并且，**就连网络搜索本身也在发生相同的现象。**

不知你是否知道，即便搜索同一个词，出现的结果也会因人而异。

这一功能被称为"个性化"。电脑，会基于你以往的搜索数据判断你的信息爱好，按照"适合"你的优先顺序排列，并显示信息。

亚马逊等邮购网站会显示"推荐商品"，道理是一样的。

在这样的机制下,**不知不觉,你就被只与自己想法一致的信息、自己熟悉的信息、令自己身心舒适的信息包围并淹没了。**

如果要思考,那从不同角度对某一事实加以检验就非常重要。"既有概念和固有观念是思考的大敌",很多商务类书籍都会写到这一点,相信你也明白这个道理。

对比不久之前,社会信息已增至几万倍之多。不知道这一事实的人,看似接触到了大量的信息,实际上,或许你所接触的,只是大量的相似性信息而已。也就是说,如不有意识地接触异质信息,你所得到的信息就会有失偏颇,并被其包围。从结果来看,不要说开拓世界了,你的世界反而在一天天自动缩小。

人,在用记忆看世界

并且,这一"个性化"也在我们的大脑中自然发生。其"主谋",说到底就是"记忆"。

比如,当你做出某一临时性的自我判断或决定时,你的注意力就会转向这一判断或决定的支持性意见及信息,而这类意见及信息,也会轻易地留存于你的记忆中。

反过来,与自己的判断、决定相反的,无意识中就会忽视掉,也很难在记忆中保留下来。

也就是说,**我们的记忆也像亚马逊网站显示的推荐商品一样,会选择对自己有利的"推荐信息"给自己看。**

进一步说,虽然看到的是同一事物,但会看到什么就因人而异了。

比如,就是现在读这同一本书,读书体验也会因人而不同。而"制造"这一差异的,就是我们所拥有的"记忆"。

记忆的不同,会让可体验的世界呈现出不同面貌。理所当然的,随体验而来的记忆就会不同。进而,因这记忆的不同,可体验的世界就会再一次呈现出不同……就这样,记忆的不同正在不断地催生出巨大差异……

所以,如果你不对"记忆"进行主体性管理,就有可能反被"记忆"管理和控制。

并且,就像刚才说的,随着电脑与网络的普及,其危险性也越来越高。

记忆,在不知不觉中影响你

看、听和感觉,并非所有人都用同样的方式

读到这里,你或许会因自己被"记忆"控制而激灵打个冷战,不自觉地发慌。

你应该从未想过,记忆会对自己的思考造成这么大的影响。当然,这也在情理之中。因为,**即便我们无意回想,记忆也会"擅自"行动,我们却连正在回想都意识不到。**

就是现在,阅读这篇文章的时候,你对文字的认知和理解,

也是基于你对这门语言的记忆在擅自行动。但在平时，我们不会意识到。

在认知科学中，这被称为"潜在记忆"。这种记忆，就算你没打算回忆，也会擅自被"回忆"，并且你意识不到。正因如此，我们平时无法意识到记忆的运作。

此前，或许你一直以为，各类事物是用眼睛看、用耳朵听、用手去触摸和感觉的。准确地说，所有的一切，都是用脑看、用脑听，也用脑去感觉的。其中，当然会有"记忆"的深度参与，所以，换言之是用记忆去看，用记忆去听，用记忆去感觉，也毫不为过。

"上个月，我去了趟夏威夷。"

读这一短句时，你是否留意到是在用自己的记忆去看、去听、去感觉的呢？

如果你去过夏威夷，应该会想起当时的体验，想起当时看到的风景、听到的声音，还有当时的心情或身体的感觉。

就是没去过夏威夷，或许也会想起曾在电视或杂志上看到的夏威夷的图片，等等。

不用说，就算读到"夏威夷"这同一个词，每个人脑海中浮现出的影像、心里的感受，都不一样。

同样一件事，读也好，听也罢，其体验都会因每个人所拥有的"记忆"不同而发生很大变化。

所谓理解，是"与既有记忆的新联系"

或许你已经明白，如何看、听和体验事物，也与记忆有着很大的关系。

但记忆所发挥的作用不只这些。刚才用了"明白"这个词，你是否知道，要理解事物，"记忆"也会发挥巨大作用。

最近，重视"思考能力"之风很盛，据说，连高考的统考内容也相应出现了很大的方向性调整，即不考知识，而改考思考能力了。

那"思考能力"又该如何培养呢？

训练就可以了吗？

不管怎样，只要绞尽脑汁去思考，就能具备思考能力！果真如此吗？

或许你已经明白，就算是思考，"记忆"也必不可少。**所谓思考，就是将既有记忆打翻，再彼此联系，或是切断，**

重新组合,尝试进行各种各样的改变。

然后,你理解了什么,对,是的,思考,不过是记忆中生出了新的联系。

比如,理解某一新概念或新知识时,你的大脑会做什么呢?它会在你的既有记忆中寻找与新概念、新知识相结合的点。一旦两者对接,"啊!是这样啊!"于是就"明白了!"

也就是说,"思考"活动并非"无中生有"。

所以,要培养思考能力,就必须增加记忆量,并在管理记忆——打通或是切除等过程中,提高新组合或新对接的生产能力。

所谓零基础,并非"不动用记忆"

最近,"零基础思考""从零思考"等经常被人们提起。

原因在于,若被以往经验或知识束缚,人们对事物的看法、想法就会固化,再思考也是旧态依然,既无法赢得竞争,也无法产生划时代的想法。

一听到"零基础",人们就会倾向于认为,要"抛弃既

有经验或知识,将记忆清零"。

实际上并非如此。因为,若抛弃了记忆,那就连思考的材料都没了。

那所谓"零基础思考""从零思考"又是什么意思呢?其本义是,为缔结出全新的联系,就要将原基于因果关系或故事性等联系在一起的经验或知识打碎,或彻底打破"○○是××""○○与□□无关"之类的固有观念,切断经验或知识等记忆间的原有关联。

人,不知不觉就会以因果关系,甚至会"创作"故事,将既有记忆联系在一起。反过来,非但不如此,反而去**质疑既有的因果关系或故事,暂时将它们打碎,以图记忆可能性的最大化**。这,就是"从零思考",绝非"忘了吧!""抛弃记忆吧!"

说是"零基础",不过是打碎记忆中的"联系"而已,记忆量的积累仍是左右思考能力的重要因素这一点,并无变化。

新想法是既有记忆间的新联系

第 5 章中将会详述,记忆的巨大力量,不只会在思考中发挥,还会在催生新想法的灵感迸发力和创造力中施展。

所谓的卓越想法,绝非全新之物。那是什么呢?实际上是**既有之物间的新联系**。联系本身虽是新的,但说到底,联系之源依然是既有的记忆。

当然,固化了就不会产生新联系即新想法了,但若将之打碎,自由组合,由此生发的新想法就会多至无穷。从这一点来说,增加材料——记忆量也非常重要。

常有人说,卓越想法的成立,是以大量想法的舍弃、以大量并未采用的想法为基础。的确,那些表现超群的"点子大王"、有"革新者"之称的人,其输出量绝非等闲。而支撑这一输出"量"的,就是输入。即他们所拥有的经验、知识等记忆。

所以,不只是思考能力,创新性的灵感迸发力和创造力同样离不开"记忆"。

记忆外部化会让你失去力量

因此,"记忆"不只是单纯地记住什么,它还在左右着我们的思考。明白了这一点，应该就能明白"把记忆交给网络就行了""把记忆外部化就可以了"等想法到底有多么危险。

如果你认为，将记忆外部化就可以，从而放弃了记忆的累积，放弃了记忆质量的提高，进而，放弃了有意识探索未知世界、异质世界，扩展自己的视野，那么，你的记忆将会变得空空荡荡、稀稀落落。

如前所述，若是这样的状态，你对事物的认识能力、思考能力就会越来越弱，更别说创造新想法的能力了。

所以，"获取信息，靠网络搜索就好""记忆，放到外面就行"的想法，实在是太过危险。

一切决定始于记忆

刚才说，"记忆，会在我们不知不觉中，不由自主地回想起来"，所谓记忆，并非只是纯粹的信息和知识。会在不知不觉中被回想起来的，还有你过去的经验或回忆，等等。

就是这类记忆之间的联系和其所引发的连锁反应，塑造了你。

比如，"关于〇〇，我是这样想的。"或者，"关于口口，我要这样做。"当你这样想时，你做决定等所依据的又是什么呢？

没错，是"记忆"。

你在既往经验或知识的不断累积中培育的记忆，会以某种思考程序、判断程序启动，催生出"我这样想"的思考和"我这样做"的决定。

再比如你的"价值观"：你认为"绝对要以〇〇为重"；还有所谓"真实的我"：你感觉"尊重〇〇的自己感觉很真实"。

你这样寻根究底时所依据的，同样是既往人生中不断积累的自身经验或知识等的记忆。

当然，也有基于"遗传"这一记忆形式的"天生喜欢"。即便这一形式，之所以至今都那么重要、那么喜欢，之所以一旦尊重它就会充满力量，也正是因为你强化了"喜欢"这一感情、感觉的经验累积和后天补充的知识等记忆的积累。

此外，包括你认为理所当然的所谓"信念"和"观念"，若追根溯源，也同样是记忆。比如"工作应该是这样的""这，就是人生""金钱，就是〇〇"……

这些信念、观念又来自哪里呢？比如普遍认为，父母经

常使用的词语、父母经常对你说的话,都会作为记忆积累下来,并对你成人后看待事物的方式、思维的方式以及行动产生重大影响。

你就是这样被记忆塑造的。并且,就在这个瞬间,你的记忆也正在积累。如果你不去有意识地加以管理,你的记忆很可能会越来越偏,甚至连你自身都被记忆操控。

当然,如果你对现状很满意,那保持现在的记忆状态,或被记忆左右的状态就可以。

但是,如果你对现状不满意,那保持现在的记忆状态就实在是可惜了。

有这样一句很老的格言:

注意你的思考,因为它会变成语言。

注意你的语言,因为它会变成行动。

注意你的行动,因为它会变成习惯。

注意你的习惯,因为它会变成性格。

注意你的性格,因为它会变成命运。

只要你主动去控制并管理记忆,你的记忆就会改变,而你的工作和人生也将因此而改变。

掌控记忆,你就能掌控自己的人生

管理你的记忆

至此,或许你已明白,思考能力、灵感迸发力、创造力、决定力、价值观、信念……所有的这一切都与"记忆"有关。

也就是说,记忆,关乎你的商务活动,甚至是整个人生,并在左右这一切。这不是言过其实。

不只如此,就像接下来将依次展开的,若有效利用记忆的力量,那么,除上述种种之外,你还会收获**行动力**、**注意**

力、理解能力、工作简报或演讲稿的写作能力、人名等大量信息的高效记忆技巧、向他人表达的能力、将所学运用于实践的能力、构筑良好人脉的方法、领导能力、人际关系等等，即商务活动中不可或缺的大量技能，都可囊括其中。

也就是说，只要你善于有效利用记忆，你的"工作能力"就会获得戏剧性的巨大提升。这就是"记忆力是最强商务技巧"的原因。

所谓"有效利用记忆"，并非只是单纯地、快速地、大量地记忆。你还要知道，自己拥有什么样的记忆，而这些记忆又是如何影响你的。

进而，如果想让事物按照自己的愿望发展，那如何蓄积记忆，如何将记忆视为一种运作机制加以操控，即"记忆管理"就非常重要了。

前面说过，如不对记忆加以管理，而是放任自流，那我们就只是在被自身的记忆操控而已，看似自己是人生的主人公，实际上并非如此。

只要直面记忆，主动管理，并通过管理有效利用，充分发挥其力量，那么把自己引往如己所愿的方向，就会成为可能。

也可以称之为"记忆管理能力"。这，才是"真正的记忆力"。

培育并充分利用记忆，就是控制自己的商务活动，以及人生。

只要改变记忆，世界就会改变

生活在贫富分化的社会，如果你很痛苦，想逃离，那该做的，就不是去寻找能在一夜之间扭转乾坤的所谓诀窍，更不是说"自己天生没什么能力……"而放弃。

那该怎么做呢？就像前面说的，你如何看待世界，某人说了什么你如何听，如何去理解，生活中怀有什么样的心情和感情，都会对你的记忆产生重大影响。所以，只需改变你的记忆，就会看到不同的世界；就算听到同样的话，接受方式也会不同，你的心情、感情就会变化，就会采取不同的行动。

你的未来，仅系于——如何运用你的记忆。

第2章
记忆能改变人生

为什么语言会现实化

语言的力量：所谓"言灵"就是记忆力

至此，想必你已明白，管理记忆，对你的工作或人生是多么重要了。

管理记忆这一行为，蕴藏着大幅度改变人生的功效。

或许，很多人都听到过"言灵"这个词，也有很多这样的书：

"语言，具有创造现实的力量。"

"人生，会因你所使用的语言而改变！"

"改变说话习惯，就能改变人生！"

比如以日本纳税第一人而闻名的齐藤一人先生就说过，只要你念叨"好运随身"，就真会引来好运，还有夏威夷的"荷欧波诺波诺"（古夏威夷的一种心理清洗疗法——译者注），等等。"荷欧波诺波诺"，就是以念叨四个词——"谢谢""我爱你""请原谅"和"对不起"召唤幸福，这是解决问题的一种方法。

曾经掀起巨大热潮的"吸引法则"，也是其中一种。

或许有人"总感觉可疑"，但这类"语言吸引现实"之事，很难说不是事实。只是，吸引现实，或者说现实化的不是"语言"，**而是语言影响了你的记忆，而记忆又影响了你的认识，于是就看到了"吸引来的"自己所希望的现实。**

人们对人、事、物、目前状况等世间万事万物的看法，都会因看取的方式有异而全然不同。

比如，"处事灵活"也可以看成"善变"；智能手机虽让我们的生活更为方便，却也成了玩手机成瘾及欺凌的元凶；重大失败虽会带来挫折，但也是成功之母……

这就像"塞翁失马，焉知非福"，一切事物，既可视为好事，也可视为坏事。

而我们"如何看待事物",也同样取决于记忆。**但记忆中的哪些部分会进入活跃状态,会因你所使用的语言而有异。**

比如刚才齐藤一人先生的例子,一念叨"好运随身",运气好时的记忆就被激活了,就会慢慢看到眼前发生的事真像是"好运随身"一样。随之,感情也会变化,而从中产生的思考及行动也会变化,行动又继之影响现实,产生某种结果。

你会如何看待这一结果,也同样取决于记忆。而影响记忆的,正是你的语言。所以说,"语言会现实化"。即你用什么样的语言,就会引来什么样的现实。

因此可以说,**世间所谓"语言的力量",就是"管理记忆,让它开花结果"**。

启动效应的可怕力量

认知科学的各类实验已经证明,语言影响记忆,而这,又会影响我们的思考和行动。

比如,纽约大学的约翰·巴尔赫、马克·陈与拉拉·巴勒斯三人就做过这样一个实验。

他们给参与实验的大学生布置了一个小测验，即用任意排列的单词写成一篇文章。

测验分两类：一类的单词是"强人所难""胆大妄为""为难他人""妨害""妨碍""侵害"等，另一类则是"尊敬""体谅""感谢""坚忍""服从""精心""彬彬有礼"等。

那么，这两类测验中所用的不同词语，又会对学生们的记忆、思考和感情，继而对行动产生怎样的影响呢？

大约5分钟后，测验结束。接下来，学生们会面临某一状况，而他们所采取的行动，也因所接受测验的不同，出现了令人惊讶的差异。

测验结束后，学生们被告知，要前往位于走廊尽头的房间，跟下一实验的负责人交谈。当他们来到房间前，却发现那位负责人正忙于跟其他学生谈话，根本顾不上他们（交代一句，这位负责人也好，正跟他谈话的学生也罢，都是事先安排的"测验伙伴"。——原注）。

在这种情况下，接受第一个测验，即用"举止不文明"的单词作文的学生，平均于5分钟后，便打断了两人的谈话；而接受另一测验，即用"举止文明"的单词作文的学生，10分钟后也没打断两人谈话的占到了82%，占压倒性多数。

这种现象被称为"启动效应",即"词语阅读"这一行为,对其后的思考或行动所产生的影响。一般认为,启动效应的产生,是因为词语会激活特定记忆,而记忆又会影响人的认知、思考乃至行动。

看到这一实验结果,我们就会明白,平时毫不经意的所见所闻、所用的词语,会对自己的思考及行动产生多大的影响,甚至会令人感到可怕。

所以,即便我们意识不到记忆的运作,或者反过来说,正因我们意识不到才无法控制,才会对我们的思考及行动产生重大影响。

改变人生的钥匙就是直面记忆,它在左右你的行动

改变记忆程序

前面讲了记忆的启动效应。或许,一想到"对记忆的影响浑然不觉",你就会感到可怕。

反过来,只要有效利用这一效应,就能改变你每一天的行为。而这,正是改变人生的要害所在。

比如,有人很烦恼,"就算要尝试新的挑战,也是消极想法先行,犹豫不决。""一想到将来就不安,无法享受'当下'。""对事物的看法,不知不觉就会陷入悲观。""为什么人生如此不顺?总是不走运呢?"实际上,这类烦恼也可以通过启动记忆的管理来解决。

当然,不是直接去改变现实中发生的事,而是通过管理记忆,控制自己的思考和感情。如此,你每天的行动就会随之改变,而你的现实,就会因此而改变。

所谓记忆,其作用之一就像电脑程序。所以,也可以说,我们每天都在随着这一程序(记忆)的运作而生活。它在我们的无意识中日复一日地运作,而它产生的思考、行动以及包括周围人在内的环境又会给予它反馈,形成结果,于是不断更新,或者说反复固化……

要删除这一程序,完全清空是不可能的。因为,只要作为一个人活着,就必须对某种刺激做出反应,而这个反应,正是我们活着的证据。

但我们能通过观察,即观察这一程序是缘何启动,如何运作,又会产生什么样的影响,而暂停其运作,或更换为其他程序。

当然,程序已经写好,要中断其运作或予以变更,都是需要能量的。原因在于,人,都有惰性,讨厌变化。并且,一旦程序运作就会产生感情，而一旦被感情控制，就很难客观地对这一程序进行观察了。因为，你已经被程序吞噬了。

这一点，只要想想打游戏上瘾是什么感觉就很容易理解了。尽管你知道所谓电视游戏等等，明显是非现实的另一个世界，但在这非现实"人生"中运作的程序，又是五感并用的虚拟现实，被其吞噬也是理所当然的。

相信看过《黑客帝国》这部影片的人会明白，要观察自己的记忆（＝程序），行动不再任由其驱使，就像要拔掉插入自己体内、启动自己行动的"火花塞"。

这也是从任由记忆驱使，一直"被活着"的世界——从某种意义上说，就是从轻易地交由他人控制的世界，转入以自己的选择改变记忆的、负责任的，也是严酷的世界。

记忆管理＝自我管理必不可缺

通过自我观察，了解驱使自己行动的记忆（＝程序），然后中断其运作，并予以更换。这，就是让你按照自己的愿望活着的，本质性，也是终极性解决方案。

为什么这么说呢？**因为，你学的技能、技巧再多，要实际运用并开花结果，最终还是要靠"记忆"。**

就算学习同样的技能、技巧，其是生是杀也全在于"记忆"。而能够得到的成果，会因不同的记忆管理而发生巨大变化。

只是，这并非易事。

既不是怪罪于他人或环境，也不是归罪于自身能力不足或努力不够，而是要直面在不知不觉地驱动你的记忆（＝程序），并不断变更它。

也可以说，记忆管理就是为自己负责，完全接受自己。这就意味着，你无法再为自身的言行寻找借口。有些严酷，但记忆管理会为你的人生带来根本性变革。这，才是真正需要你投身其中的自我启发。

有效利用"元记忆"，观察自身记忆运作

那么，记忆又当如何管理呢？

首先，要了解自身记忆的运作。即，只是观察自己。

请你仔细观察自己的思考、感情动向及行为模式，这些

都是你自身记忆运作的外现。并且，要仔细确认这一记忆运作引发了什么事，而这件事又让你得到了什么、失去了什么。

举个例子，有的人"明知道夜里吃拉面不好，可还是忍不住吃了"。其思考、感情动向及行为模式又是什么样的呢？下面，就让我们一起观察一下。

一天，你跟同事在居酒屋喝完酒，回家。

一下电车，想起了站前的拉面店，便不由得站住了。

就在这一瞬间，浓浓的猪骨汤的美味，在你的口中"苏醒"。

当妻子的话在脑际回响时，"会发胖的，还是别吃了"，你又心里一惊，回过神儿来。

"好险！好险！差点儿又去吃了！"但刚走几步，这回，你又想起了从汤里捞起的筋道十足的拉面，那口感唤起了你吞咽时的舒爽记忆，于是越发地想吃了。

你听到了内心的呼喊，"别去！"但还是"向右转！"向拉面店走去，边走边拿出钱包，确认钱够不够。

"够了，够了。"你听到自己在心里说。拉面店的招牌映入眼帘。你拳头一握，下定了决心，"好！吃！"

于是……

观察，要具体到相当细微的地方。一开始，因被感情吞

噬等等,或许你很难冷静地、细致入微地观察自己。慢慢地,你就能观察到自身的思考、感情及行动的细微动向了。进而,你会逐渐明白,你的现在与你过去的记忆有关,等等。

当然,现在的行为模式中也有很多好处,只要好处之多超过了坏处,那保持下去就可以了。但如果好处很少,也没关系,只要你能直面这一事实,你的大脑自然就会修正记忆,改变你的原有模式。

在认知科学界,将这种对自身思考、感情动向及行为模式的自我注视能力称为"元认知"。而其中最为重要的,就是"元记忆"。元记忆是元认知的一部分,**指对"自身记忆内容"的把握能力**。或许,也可以说是对自身记忆的自我注视能力。

一听到记忆这个词,人们的关注点就会不自觉地放到如何大量记忆,如何牢记不忘之类,但真正重要的,是"元记忆"。

而如何有效利用元记忆,才是观察自身记忆、变更自我驱动程序的方法所在。

改变记忆程序，打造行动力

富有"行动力"的人有哪些行为习惯

下面，就以"行动力"为例具体说明。

为"没有行动力"而烦恼的人应该不在少数。或许也有人自责："明明知道，只要做就可以了。可……打起精神来！"反过来，也有人会责备对方："不管怎么样，做就是啦。那家伙真有心干吗？"……

若只是如此哀叹，是很难让自己具备"行动力"，并立

即起而行动的。因为,就是行动力,"记忆"同样参与其中。

实际上,要想具备行动力,关键就在于观察自身的思考、感情与行动,了解自身记忆的动向,即关键在于"元记忆"。

所谓行动力,也可以说是立即采取行动的能力,不会思前想后,犹豫不决。

那么,具有"行动力"的人所拥有的,又是什么样的记忆呢?

如果你说他们有"立即行动"的习惯……那就到此为止了。若仔细观察就会发现,有行动力的人与没有行动力的人之间,存在着如下不同:

"被理应投身其中的事情压倒了,还是没被压倒"。

举个例子。上司布置了一个难度较大的任务,没有行动力的人会被任务之艰巨性压倒,动弹不得,"哇!这任务!不堪设想啊!"

而有行动力的人呢?则无论任务如何艰巨,都不会被其压倒。他们会将任务拆分为几大要素,并从力所能及之处着手。

也就是说,有行动力与没有行动力的人之间存在着如下不同:有没有"拆分任务"的行为习惯。

而在这一不同的背后,则是既往人生中累积至今的记忆。

比如，有行动力的人或许会有如下成功经历的记忆，"先将艰巨任务拆分，再投身其中，并胜利完成了！"或者是有这样的口头禅："总之，从力所能及之处开始，做起来再说！"也就是说，他们的体内隐藏着这样的记忆。

但无法采取行动的人呢？或许是因为没有将艰巨任务加以拆分，并顺利完成的成功经验，也就养成了"不行动"的习惯。或许，是此前的"不行动"经验累积而成的记忆汇集所致。说不定，这种记忆的印迹，已经强烈到会让他们随口吐出这样的口头禅，"反正自己干不了！""做什么都是白费！"

怎么样？

经过这样一番观察，你应该已经明白，两者之间并不存在能力高低、性格不同之类难以改变的差异。

明白了这一点，或许，苦恼于"自己没有行动力""那个人有行动力，真令人羡慕"的人，也会换一换自己使用的语言，或者采取点儿小的行动试一试。

若能在这时起而行动，"行动了"的记忆，就会些许转化为驱使你行动的记忆。

只要记忆有了些许改变，下一次，当你面对艰巨任务时，行动就会比上一次容易一点点。这时，只要能有些微的行动，

就会再次对记忆产生影响,而行动力也会因此得到些微的加强……

就这样,不断接受既有记忆对你的影响,将自己的通风口稍微打开,就能管理你的记忆,转往符合自身愿望的人生方向。

"祈愿"直面自己的记忆第一步

"话虽如此,可还是行动不起来……"

读到这里,或许有人会这样说。

请你记住,让你说出这句话的,也是你的记忆。并且,这句话会再次成为你的记忆。而如此形成的记忆,又会化作语言,吐出来……

就算你在嘀咕这样的话,也请你在本书的继续阅读中,回想一下自己的愿望——"总要找到办法,行动起来"。真的发一下愿,"总要找到办法,行动起来!"或把这话说出来试一试吧。

或许,就算你想"总要找到办法,行动起来",也仍然无力行动。但是，**你的这一愿望，或这句话，就会形成新的记忆，并影响你的下一个愿望、下一句话以及下一次行动。**

只要这样的愿望和话反复不断地累积，终有一天，真正转化为行动的那一刻必会到来。

"想行动起来"的愿望和这句话，转化为"行动起来"的现实，并在不断反复中成为习惯，最终成为"行动力"，也是一条路。

你迄今累积的记忆量无比庞大。而这些记忆正在极大地影响并控制你。这是事实。并且，就在这个瞬间，你就能影响这些记忆，尽管可能只是影响一点点。怎么影响呢？为你真正想做的事，向着你想前进的方向，试着行动一下，哪怕只是一下。如不能行动，那就祈愿"望能○○"试一试。祈愿，也是一种行动，会确凿无疑地影响你的记忆程序。

首先，要试着把自己的愿望转化为语言，说出来。就现在！马上说出来！

这样，你就会认识到驱动自身记忆的力量，并在与记忆的"友好相处"中，慢慢向其施加影响。坚持下去，你就不再只是被记忆驱动，而是在驱动记忆，让它为你发挥力量了。

首先，要直面自己的记忆

意识到自己的愿望，试着把它转化为语言，试着找人说一说，然后，哪怕只是一点点，试着采取行动……对你来说，这每一点、每一滴，都会成为新的记忆。

而这新的记忆，就会塑造今天的你，塑造明天的你。就会向着符合你心愿的方向，一点一点地为你修正人生的轨道。

重复一遍，如果你想改变自己，先要直面你的记忆，拥有庞大数量与巨大力量的记忆。也就是说，你，就是"记忆"的载体和集块。而这记忆，正在操纵、驱动现在的你。

但有一点要注意。**不要逞强说："我，才是人生的主人公。要由我来负全责！"**

的确，就像前面说过的，你能够影响并管理记忆，但是，你既不能控制所有的记忆，也无法完全随心所欲地控制自己。

需要你直面的，不是你自己。实际上，所谓这个自己是不存在的。存在的，只有自己的记忆和记忆影响不到的小缝隙中的自己。

所以，成为记忆的牺牲品，在悲愿中活着，或是作为自己人生的责任人，为自己的思考、感情及言行负全责，等等，并不成立。

　　自己，无法完全自控，而只能以接受记忆的巨大影响为前提，不断观察记忆的活动，并向其施加影响。换句话说，所谓"管理记忆"，就是要善于与记忆相处。

第3章
所有人都拥有卓越的记忆力

你已然具备了不起的记忆力

没有人记忆力不好

读到这里,应该会有人想,"话虽如此,可我记性差,管理记忆这种事,办不到的……"

这只是误解。实际上,**没有人记忆力不好,没有人不善于记忆。**

你有能力读这本书就是证据。虽然说,能够听说读写是长年积累之功,但也是你拥有记忆能力的证据。再有,如果是你擅长的领域，或是你感兴趣的领域，那连一般人不知道的事情都会牢记在心。不是吗？说到离生活更近的，那你对住处周围发生的事应该比住在其他地方的人更了解。

或许你会想："这太平常啦，能说明什么？"这就是你拥有记忆能力的证据。

如果你嘀咕"自己记忆力差"，就放弃了向某一新事物发起挑战，那就太可惜了。

你不但已经具备了记忆必要事物的能力，而且，也只需以此为基础，在想投身其中、想去挑战的领域继续积累记忆即可。

的确，挑战某一新事物时，因该领域的相关记忆很少，一开始并不容易。因记忆是与既有记忆相结合而扎根，所以在既有记忆较少时，能与之相结合的新的信息量也会很小。只要你不断输入该领域的信息，一段时间之后，你的记忆累积速度就会逐渐加快，就像从坡上滚落的雪球，会以加速度越滚越大一样。所以，即便是你现在认为"这种东西我记不住"的信息，一旦你开始蓄积，逐渐就能以超出你自身想象的速度轻易地记住。

记住AKB48所有成员，还是客户的长相和姓名

很多人认为自己"记忆力差"，但你仔细一问就会发现，几乎所有人的记忆中都有其他人所没有的详尽入微的知识。

比如，在深信"自己记忆力差"的人中，就有一看到AKB48（日本女子偶像组合——译者注）某位成员便连名带姓脱口而出的。

在不感兴趣的人看来，真是"记忆力超强啊！"

对AKB48成员虽如此精通，但说到客户方负责人或部长的姓名可能就记不住了。就算记住了姓，可连后面的名都记住的就很少了。

这是因为"记忆力差"吗？

显然不是。

不是所谓"兴趣，是最好的老师"，而是"兴趣，是最强大的记忆"。

只要是感兴趣的领域，只要是擅长的领域，只要是喜欢的领域，不知不觉，你的大脑就会回想，且会不断重复，所以，就会很自然地在记忆中扎根。

如果你是AKB48的粉丝，那你喜欢的成员的脸，应该会

天天在脑海中浮现。但说到有业务往来的负责人的脸……那就几乎不会浮现了。所谓"记忆力差异",在于是否会在日常生活中想起来。

美国心理学之父威廉·詹姆士说过一句话,这句话,至今都经常被人引用。

"一般性,或者说基础性记忆能力,不可能改善。"

或许你会想:"什么?记忆能力不可能改善?!这?!……"

但请你放心。詹姆士接着说:

"我们的记忆量,只等同于系统的数量。而系统,就是我们无时不想寻求的,各类思考对象的相互关联。"

这句话理解起来稍有点困难。什么意思呢?也就是说,当我们记忆新信息时,记忆活动是将之与既有记忆相关联而进行的。所以,记忆能力取决于既有的记忆量,并且,这里的既有记忆量,是指能与你要记忆的信息相关联的记忆量。

举一个具体例子,假如你很了解足球,并且,对日本职业足球甲级联赛造诣很深,那要记忆与之相关的新知识,就会因之与既有记忆相关联,不费吹灰之力就能记住。

虽然要训练"一般性,或者说基础性记忆能力"是不可能的,但只要你增加特定领域的记忆量,那记忆该领域的相

关信息相应就会越来越容易,也就是说,你的记忆力提高了。

我们经常说,"那个人记忆力很强。""我的记忆力很差。"实际上,如此判断一般性记忆能力的好坏是错误的。

并且,虽然就像詹姆士所说,我们不可能对"一般性,或者说基础性记忆能力"进行改善,但针对某一特定领域的信息,是记得越多越强大。

记忆力差异来自哪里

为什么那个人的名字记得那么牢

"可是,记忆力毕竟是有差异吧……比如,我总是记不住人的名字,可我的同事A,能牢记客户的名字。但他并不是非常喜欢这份工作……"

的确,如果身边有这样的人,或许你就认为基础性记忆能力是有差异的。

但只要仔细观察就会发现,这种"记忆力"差异的"出处"

非常单纯,即有没有采取些微的行动。

具体而言,就是有没有采取"强化记忆的行动",比如重复,比如回想。这都会带来"记忆"的差异。表面上看,就像是"记忆力"差异而已。

可以验证一下,你下次见客户时,也在交谈中有意识地反复说出客户的名字试一试。

"〇〇先生,今天,真是非常感谢!"

"△△先生,打扰一下可以吗?"

"对这一提案,××先生,您是怎么看的?"

就像这样,在交谈中有意识地把客户的名字说出来。

日语会话中,省略对方的名字是没问题的,所以在实际会话中也往往会省略。这也是总记不住对方名字的原因所在。在交谈中,就算你每句话都说出对方的名字,也不会显得不自然。甚至,对方会因感觉你在意他而对你心生好感。

如此,只要你有意识地反复说出对方的名字,比起不这样做的人,你会记得更牢。

所以,看起来像是记忆力的差异,实际上,不过是如此微小的行动的差异。

为什么那个人读过的书会牢记在心

跟人名一样，在你周围，或许有"读过的书会牢记在心"的人。

实际上，与其说那个人记忆力好，更大的可能是，他在采取行动"不断重复"。

顺便问一句，为什么你就认为，"读过的书，他都记得很牢"呢？恐怕是因为听他滔滔不绝地讲过读过的内容吧？实际上，这一行为本身，就是他读过之后牢记在心的秘密所在。

没错，就像记名字一样，读过之后，他们会在日常会话中反复讲述所读的内容。

当然，书跟名字不一样，信息量很大，他也并非一字不落，全都记住了，只讲述记住的内容，不断重复，这一行为本身就是在强化记忆。

经常听人说，"自己说话时，最认真的听讲人就是自己。"所以，跟谁说话，等于在反复说给自己听。并且，他读过之后不只是给你讲，应该也会给别人讲。越讲记忆就越有条理，记得也就越牢。并且，记忆越有条理，记得越牢，说得也就

越流利。这样一来,就更爱说了……这就产生了良性循环。

再有,这样的人会一边读一边想,跟谁讲一讲好呢?"这本书,哪些部分会对〇〇先生(女士)有所帮助呢?"而读书时的注意力,也会因为这样想而更为集中,也就更容易留在记忆里,而他们的表达也会因此变得流利。

所以,**表面上看是记忆力的差异,实际上,是行动的差异。**

差距,在看不到的地方拉开

是否会在会话中有意识地叫对方的名字,或是读过之后,是否会向人讲述读过的内容,"重复"的量就有差距了。实际上,重复的量可能存在着更大的差距。因为,**有的人虽然不说出来,但会在心里反复回想。有的人则不会。**

举个例子。听过谁的演讲之后,或是在会议讨论之后,就算听了同样的演讲和讨论,其后的行动却是因人而异。

离开演讲会场,回家或回公司的路上,会议结束回到自己位子的过程中,如果能窥视一下人们的大脑活动,应该会发现极大的不同。

有的人，一边回想着刚才听到的话，一边这也不行、那也不对地琢磨。有的人，想把刚才听到的话告诉谁，回头去想，或翻刚才的笔记，加以整理。也有的人会想全然无关的事情。

尽管无法窥视他人的大脑活动，但行动的差异已在肉眼看不到的地方发生，并转化为记忆的差异。而记忆的差异，甚至会影响到工作的成果。只要你在这一"回想"行为中稍下功夫，就能进一步加速自己的成长。这就是，不是单纯地、原封不动地回想知识或经验，而是这样问一下：

"我从中学到了什么？能够学到什么？"

"要把这次的经验用到下一次，需要谨记的又是什么？"

"总而言之，这本书想表达什么呢？"

就这样问一问自己。

也就是说，**从如何将所学运用到下一次的角度回想自己的经历或知识，对其中有积极意义的内容把握就会更为深入，并能在提高记忆质量的同时，让它在记忆中扎根。**

举个例子。棒球名将铃木一郎说，在击球位的每一次击球，他都会回头检视。有时，击球时以为会打出安打，但事与愿违，成了滚向二垒的地滚球。这时，他就会在跑向一垒

的途中回头去想原因。有时就会突然意识到,"啊!问题出在了这里!"有时候,这样的检视会给自身的击球技艺带来重大突破。

职业棒球选手中,每一击都会回头检视的并不多见,一般都会把注意力放到是否打出了安打上,并为这一结果一喜一忧。

但铃木一郎不同。每一击,他都会回头检视,且是在到达一垒前的极短时间之内。回想刚刚发生的经历,并从中学到什么。这就是"在理解中记忆"。

也就是说,行动之后马上回头去想。并且,总是将结果与假设对照,加以检视。这就能在提高记忆质量的同时,让记忆牢牢扎根。

怎么样?每一次击球都会回顾的人,与比赛结束后再回顾的人,与每月回顾一次的人,与赛季结束后再回顾的人,谁的成长速度更快呢?

不用问,是每一击都会在深化学习中回顾的人。

这个道理不仅适用于棒球,工作中也同样适用。对所获得的知识、经验,不回顾、不反刍的人;多次回顾、反刍的人;不只是回顾,还会在回顾中深化学习的人……

相信你会明白，即便他们输入了相同的知识，经历了同样的事，其后的记忆量与质也会产生巨大差异。并且，记忆量与质的不同，还会影响到下一次对知识、经验的把握方式，于是，记忆量与质的差距就会以加速度越拉越大。

也就是说，要从经验中学习，要为下一次的运用进行回顾。并且，提高回顾频率，缩短回顾间隔，就能加速你的成长。

拉开记忆差距的行为习惯也是记忆

你应该已经明白，是否重复、回想，即是否养成了这一行为习惯，会拉开记忆的差距。实际上，仔细一想就会发现，这一行为习惯本身也是记忆。

在会话中反复说出对方的名字，读过的书反复与人分享，能够深化学习的问题反复自问……这种行为的反复，就会让这一行为模式成为记忆，进而转化为习惯。

这一点，曾在如何提高"行动力"的章节中阐述过。实际上，只要细心观察就会发现，大家通常所说的"○○力"，其差距均来自思考与行为习惯的不同。归根到底，就是记忆

的差异。

"记忆力"的差距,同样取决于"记忆"的差异。

记忆力的差距就是"元记忆"的差距

可能你已经明白,你的记忆力,可以通过行动来提高。而能提高记忆力的行动又会累积为记忆,并反过来成为提高记忆力的资源与手段,进一步提高你的记忆力。

其中必不可少的,就是与记忆相关的此类知识和对自身记忆状态的把握,也就是第二章所说的"元记忆"。

也可以说,表现为记忆力差距的差距,存在于元记忆力的差距中。

比如,只要能准确把握记得什么、不记得什么,就能为积累必要记忆而采取必要行动。最终,人们就会羡慕地说:"你的记忆力真好啊!"

相反,如果没有准确把握你的记忆状态,那就无法为必要记忆的积累采取适当行动,结果就是"记忆力真差……"了。

而了解自我记忆状态的关键,就是"回想"。

而从结果来看,只要在反复回想中提高元记忆力,你的记忆力就会不断提高。

记忆力世锦赛冠军的记忆术

记忆力世锦赛选手的记忆力与常人无异?

读到这里,或许不少人会想:"以前电视上演的那些记忆强人,真是记忆力惊人!与众不同啊!"

NHK(日本首家大众传媒机构)也播放过"记忆力世界锦标赛",可能也有人看过。为尽快记住无序摆放的扑克牌,为尽快记住更多无规则排列的数字,选手们展开了激烈角逐。

比如,参赛选手们拿到打乱顺序的52张牌后,竟在几十秒内便记住了顺序,实在令人惊叹!

目睹如此惊人的"艳技",谁都会情不自禁地想:"这些人的记忆力之强大,望尘莫及啊!"

曾在记忆力世锦赛中居于上游的埃德·库克先生却说:"我的记忆力很平常。所有参赛选手应该都会这么说。"

"什么?52张无序摆放的扑克牌,几十秒就记住了顺序,记忆力还跟平常人没什么两样?"或许你会有这样的疑问,实际上,不但他们的记忆力很平常,日常生活中也会忘东忘西,并非事无巨细都能准确无误、滴水不漏地记住。

惊人记忆术的秘密

那么,他们又是如何在几十秒内记住52张牌面的顺序的呢?

答案,就是所谓的"记忆术"。

只要你去大型书店,就能看到"记忆术"专柜,一排排全是标题各异的记忆方法类图书(笔者写的书也在其中)。选手们就是有效利用这类记忆术才"艳技"惊人、超凡脱俗的,而并非记忆力有多么强大。

刚才提到了心理学家威廉·詹姆士，不妨在这里再次引用那句话：

"我们的记忆量，只等同于系统的数量。而系统，就是我们无时不想寻求的，各类思考对象的相互关联。"

实际上，以埃德·库克为代表的"记忆术强人"们，就是通过记忆术训练，掌握了让每一张扑克牌关联于一处的某种秘诀。

具体说来，他们所掌握的秘诀划分为两类：

一类是，将每一张扑克牌转换为具体的人或动作，即创建一个"转换数据库"。

另一类，则是将牌面转换为具体形象后，用来存放这些形象的"位置"。

惊人记忆术的秘密

①有效利用位置记忆

所谓"位置"，举例来说，就是你家门厅、邻居、邻居的邻居……记忆强人们的大脑里，为一组 52 张扑克牌安排了顺序摆放的这类位置。然后，他们"把一张张扑克牌转换为具体形象"，放进去，并把它们记住。后面也会讲到，顶尖水平的人们，是三张扑克牌为一组转换为一个具体形象的，所以，需要的位置就更少。

为什么是"位置"呢？因为包括人在内，动物天生擅长记忆与"位置"有关的信息。

为了生存下去，哪里有食物，哪里有天敌，这类"位置"信息非常重要。甚至，动物还拥有专门记忆位置的脑细胞——"位置细胞"。

你也一样，从家门口到离家最近的车站，或是超市等等，一想起那条路，不也能相当准确地在脑海中浮现出沿途的景色吗？

这种现象不只限于你所熟悉的路。比如，就算是最近刚去过的地方，你也能轻松地回想起"出站马上右拐"还是"左拐"，等等。

所以，如果借助事先准备的"位置"记忆，就不需要死记硬背，也能记住 52 张牌的位置信息了。

②有效利用具体形象

话虽如此,可就算把牌一张一张放进事先记忆的"位置",那动作也要快,还必须能准确回想起哪张牌在哪一"位置"。并且,依次把牌放入"位置"后,也有可能因某一位置放的是"红桃3"还是"黑桃3"的微小不同而出现失误。怎么办呢?

这时,重点就在"转换数据库"了。它可以对每一张牌做出明确区分,并能在瞬间分配好位置,且能快速回想起来。

"转换数据库"就像一张对应表,即将扑克牌一一转换为人物等形象,两相对应。

比如,"黑桃8"是"汤姆·汉克斯"。请你想象一下,每当你推开房门,便与汤姆·汉克斯不期而遇的情景。这你不会忘吧。

他们就是这样记的。看起来,好像只是在一张张翻、一张张记,实际上,他们是在脑子里把一张张牌转换成一个又一个形象,并逐一放入各自的位置。

当然,这个转换数据库必须牢记在心,并尽量加快转换速度,且必须迅速将转换后的形象放入相应位置。所以,"记忆术强人"们要日夜训练,记住转换后的具体的人物或动作,并提高放入相应位置的速度。

就像用单词卡记英文单词。只要反复进行这样的训练,就像一看到英文就会立即想起日文意思一样,他们一看到扑克牌,脑海中就会立即浮现出相应的具体人物或动作。

惊人记忆术:扎实、庞大的准备与训练的结果

就这样,他们把本是一组扑克牌中的每一张牌,都与"汤姆·汉克斯"这样的人或物等具体形象一一对应,再将各个形象分别放入52个不同位置,并记住它们。

为进一步提高速度,现在的记忆力世锦赛的选手们所用的方法,要花更大的力气去准备。

这种方法叫"PAO系统"。

"PAO"的P是Person(人),A是Action(动作),O是Object(物)。

在PAO系统中,要为每一张扑克牌分别分派"人""动作""物"三个想象要素。比如:

梅花J=人:福山雅治;动作:折;物:吉他

红桃 Q =人：米仓凉子；动作：踩；物：玫瑰花

黑桃 K =人：堺雅人；动作：挥；物：刀

就像这样，为一张牌分配人、动作、物三个想象要素，并制作成"转换数据库"，记在脑子里。

如此，需要记忆的想象要素就是原来的三倍，当然，记忆所需要的时间就增加了。但只要事先准备好这一"数据库"，一到正式比赛，记忆 52 张牌排列顺序的速度也就格外快。

具体怎么做呢？比如，三张牌依次为"梅花 J""红桃 Q"和"黑桃 K"。

记忆时，将三张牌的形象要素依次做如下转换：第一张对应"人"，第二张对应"物"，第三张则是对应"动作"。

以刚才的例子来说，就是"福山雅治（梅花 J）""玫瑰花（红桃 Q）"和"挥（黑桃 K）"。也就是说，将三张牌转换为一个形象："福山雅治在挥玫瑰花"（汉语的主谓宾结构，日语为主宾谓，即宾语在谓语之前。按照汉语语法习惯，则上述三张牌应依次转换为：第一张对应"人"，第二张对应"动作"，第三张对应"物"。即"福山雅治踩刀"。——译者注）。

若三张牌先后是"黑桃 K""梅花 J"和"红桃 Q"，则转化为一个形象要素后,就会成为"堺雅人踩吉他"(按汉语语法习惯,则是"堺雅人折玫瑰花",理由同上。——译者注)。

转化完成后,就把这一具体形象放到"位置"里。

采用 PAO 系统,因可将三张牌转化为一个形象,将形象放入位置所需要的时间就能缩短为原来的 1/3,提速可期!

当然,在事前准备中,就要记忆 52×3 = 156 个想象要素,也需要做更为繁重的训练,以迅速将三张牌中出现的"人""物""动作"(按汉语语法习惯,则先后为"人""动作""物"。理由同上。——译者注)转化为一个形象。

所以,只要到舞台后看一看就知道,看起来此技只应天上有的扑克牌记忆术,也是以扎实、庞大的准备与训练为基础的。 所谓准备,就是将记忆相互关联,事先加以整理,并将其记住;训练,则是为迅速想起并操作形象要素,这需要投入大量的时间。

当然,你也具备同等于他们的记忆力,只要扎扎实实不断训练,你也能做到。

至此,或许你已经明白,人与人的记忆能力并无差别。也就是说,你也具备卓越的记忆力。

"记忆术"看似能用实则无用

前面介绍的借助于"位置"与"形象"的"记忆术"的确强大而有力,也能有效运用于某些商务场景。比如后面会详细说明的,在你不得不记住某些事情却记不了笔记时,"位置"和"形象"就能发挥作用了。

但要说能否将这种记忆术有效地应用于所有商务场景,答案又是否定的。

因为,记忆术的对象多为"无意义信息"。

扑克牌顺序就是一例。这类"无意义信息"很难记。而正因其难记,参赛选手们却极为轻易、快速地悉数记在了脑子里,一般人也就感觉望尘莫及了。但我们在工作或日常生活中处理的几乎所有信息都是有意义的,**无须特意将之与"位置"结合,无须特意转换为"具体形象",只是通过逻辑整理,或与既存记忆相联系就能记住。**

并且,像记忆力世锦赛这样的场景中,需要处理的信息量也没那么大。与之相比,我们在日常生活中所接触的信息量,甚至会庞大到几百、几千倍以上。比如对记忆力要求最为苛酷的应试学习，像学校里的考试、资格考试等等，必须记住的信息量之大绝非一摞扑克牌可比。

不只是应试学习，还有公司里用到的数字、工作流程、使用手册、专业知识、商品知识、取得更大成果的方法、公司同事或客户的相关信息等等。这些，就算是记忆力世锦赛冠军这样的强人，也不可能全都用记忆术记忆。

反过来说，即便我们不用记忆术，也已然把数量庞大的信息储存进了记忆，并且，今后也能持续不断地记下去。

至此，我们相继说明了记忆如何影响你的工作及人生，记忆力并非因人而异，你我他并无差别。但就像前面所说的，如果把记忆放到一边置之不理，那就无法在你的工作中发挥作用了。

因此，从下一章开始，我们就介绍一些具体的方法，有效利用记忆、管理记忆，帮助你掌握工作中不可缺少的各类商务技能。

第4章

大脑记事本
——"工作存储器"的管理方法

工作快10倍!

提高注意力的关键：大脑记事本"工作存储器"

为大脑记事本"工作存储器"减负！

天天被眼前的工作围追堵截，重要工作总完不成，天天加班……

不知不觉，目光就到智能手机上去了，工作磨磨蹭蹭，心不在焉……

或许，很多人都有这样的烦恼。

为解决这类烦恼，很多商务人士所关心的是"注意力"。

第4章 大脑记事本——"工作存储器"的管理方法

的确,要提高工作效率和工作质量,提高注意力必不可少,可是,就算你告诉自己"注意力要集中",再怎么努力也集中不起来。

实际上,**开启注意力的那把金钥匙,就是记忆。并且,是记忆中被称为"工作存储器(工作记忆)"的记忆。**

工作存储器,也可以说是近几年在认知科学研究中引起关注的"大脑信息处理系统"。该区域会临时保存新信息,有了它,人们才能处理眼前的事情。

该系统也被称为"大脑记事本"。

比如,我们之所以能与他人交谈,就是因为记住了对方刚刚说过的话。对方说了什么转瞬即忘,交谈根本就进行不下去。可能你会想,不就是跟别人说话嘛,这再寻常不过了,有什么好说的?但你先要知道,让这一寻常之事成为可能的,就是工作存储器。

当然,工作存储器的作用不只是会话,你正在做的工作,或手边正在处理的事情等等,它们所需要的信息,也会临时保存到里面。

工作存储器容量非常小

只是，这个工作存储器有一个很大的弱点：容量太小。

1956年，美国著名心理学家乔治·米勒发表论文，说从各类记忆实验的结果中发现，我们能立即记住的信息，只有"7±2"条（带有意义的信息集合），并名之为"神奇数字"。

我们能瞬时记忆的信息量就少到这种程度。并且，现在普遍认为，这个数字比7还小，是4±1条。

因此，当超出此一数量的新信息进入大脑时，我们就记不住了，只能任由信息膨胀外溢，或是信息混乱，一塌糊涂，再就是过滤掉细节信息，只留下个大概。

这一点，联想一下你的"工作台"或"办公桌"就很容易理解了。工作存储器这个工作台非常小，过多的信息放到上面，就没有空间开展作业了。这就跟桌子上又脏又乱，注意力无法集中，导致你无法工作一样。

顺便一提，支撑工作存储器的正是"注意"。什么是"注意"呢？请你把它想象成一只"胳膊"。当某一新信息进入大脑时，是无法立即与既有记忆结合的，所以，工作存储器就要用"注意"这只胳膊，强行将新信息与既有记忆结合。

但我们能同时注意的量，即"胳膊"的数量是有限的。工作存储器的容量之所以小，就是因为这一制约。

并且，注意这只胳膊，不只是临时性记忆缺之不可，也是注意力，即持续注意某一对象时必不可少的"工具"。进而，它还是思考活动不可或缺的要素。

所以，一旦工作存储器负担过重，注意力就会分散，失误就会增加，工作效率就会降低。

反过来说，**只要尽量不给工作存储器造成负担，让它随时处于解放状态，就能保持注意力，提高工作效率。**

那该怎么做呢？

如何使购物更高效

最简单的方法，就是随身带好记事本和日程本，随时记录信息。

可能很多人会失望，"哎？就这？"但这个方法非常有效。因为，只要把大脑记事本＝工作存储器里的信息转出来，记

到真实的记事本里，它就能从容不迫地工作了。

为便于理解，举一个例子。

请你想象一下前去购物的场景。你决定，去附近那家超市买莴笋、胡萝卜、纳豆、鸡蛋、五花肉、牛奶和洗涤液。假如你先把它们记在脑子里再去，会是什么情形呢？

当然，你能记住。但有可能发生这样的事：你在蔬菜卖场把莴笋放进购物筐，然后去肉类卖场找五花肉，这才突然想起来，忘拿胡萝卜了，于是又回去找胡萝卜。之后，你又把纳豆、鸡蛋和牛奶放进购物筐，到收银台付了账，走出超市。可到了外面你又突然想起来，忘买洗涤液了，于是又回去……

可能有人真有这样的经历。既花时间，又没效率。

若把要买的东西列成个单子，又会是什么情形呢？有了购物单，那就没必要在超市里来来回回了。既高效，又不会落下什么。

实际上，这就是是否给工作存储器造成负担的区别。前者，因要记住要买的东西而给工作存储器造成了负担，大脑就无暇去想"如何高效购物"了。结果，就是在超市里来来回回地买。后者呢？**因为已经把信息记录到大脑外部，工作存储**

器处于解放状态。所以，不会漏买自不必说，因思考水平也高于前者，就能从容地一边思考最高效的购物方式或晚饭做什么，一边采购。

两相对比，购物时间及效率就会产生很大差距。而更快结束购物的，当然会是后者。

不要记入大脑记事本，要记入真正的记事本

这种不同，在商务场景中也经常看到。

比如，假设你要跟客户谈生意，在前往会面的电车里，上司跟你说：

"下周三下午3点，我们的客户○○株式会社常务董事山下先生（女士）要来我们公司，你让总务部大西先生（女士）安排一下接待室。届时，要向他（她）介绍新产品××，但商品目录上没登详细说明，也没有与订货数量相应的折扣率。下周一下午3点前，你整理个摘要给我吧。"

这时，你是马上拿出记事本或日程本，把上司的话记下来，还是答应一声"知道了"，努力把话记到脑子里，其后的工

作效率是不同的。

原因在于上司的指示中包含了大量信息：碰头会、时间、出席者的公司名称、职务与姓名、安排接待室的手续、商谈用的摘要内容及上交时间等等。不做笔记而要记在脑子里，就会给工作存储器造成巨大负担。

在记住这一指示的状态下与客户谈生意，注意力就无法集中，"忘了确认重要事项""商谈内容进不了脑子"等可能性就会加大，事后确认工作随即找上门来。

就算商谈顺利，也可能会忘记上司的指示。无论是哪种情况，都有必要重新确认。这样就没有效率了。

在商务场景中，通过记笔记减轻工作存储器负担的方法还有很多。

举个例子，同事桌上的电话响了，但他不在位子上，你过去接。这时，你会怎么做呢？

有的人会把电话内容写到便笺上，并贴到同事办公桌上；有的人则是记在脑子里，等同事回来直接告诉他。那么，这两者的工作存储器负担是不同的。

此外，有的人会把每天应该做的事写下来，列一个任务单，有的人则不做，那么两人在工作推进中的注意力或工作效率就会拉开很大的差距。

工作存储器无法扩容

读到这里，可能会有人想："工作存储器既如此重要，就不能设法扩容吗？"

直接说结论，**可以说，扩大工作存储器容量的可能性趋于无限小。**

的确，也有所谓"工作存储器扩容训练"，但还是不抱期待为好。因为，就算你感觉其容量因训练而扩大了，多数情况下也只是错觉。

先举个例子。

为检验一次性记忆的数字量能否增加，一位心理学老师做过一个实验。通常情况下，在刚才介绍的"神奇数字"制约下，能记住的数字量不过7个左右。该实验的参加者通过日复一日的不断训练，短时间内记住的数字量达到了80个以上。

遗憾的是，这一结果并非来自工作存储器容量的扩大。

怎么回事呢？就像前面讲过的记忆力世锦赛选手一样，参加实验的人借助了"形象"的力量。也就是说，他们将数字转换为有意义的"形象"，并将"形象"与自身经历的记忆结合到了一起。

参加者的工作存储器容量并未扩大的最好证据，就是将记忆对象由数字换为字母后，其一次性记忆的量几乎与一般人无异。

所以，因为工作存储器扩容的可能性非常小，真正重要的就是在接受其容量小这一事实的基础上，如何管理，如何高效地使用了。

从这个意义上来讲，管理记忆的能力也很重要。

没有记事本，就记到"位置"里

话虽如此，但如果手边没有记事本呢？如果在这时接到指示，或接受新任务，就会消耗珍贵的工作存储器。

这种时候，你就可以用一下假想"记事本"。这就是——"位置"，即记到空间里的一种方法。**记到空间里，就能减**

第4章 大脑记事本——"工作存储器"的管理方法

轻工作存储器负担,保持注意力,提高工作的效率与质量。

具体怎么做呢?我们在第三章讲过记忆力世锦赛参赛选手们记忆扑克牌顺序的方法,就用他们有效地运用的"位置"和"形象"。

做法很简单。比如,假设你外出时接到客户佐藤先生(女士)电话:"回公司后,请把前些天所领资料的PDF文件发给我。"也就是说,来了这样一个任务,"回公司后,用电子邮件把PDF资料发给佐藤先生(女士)"。

但这样记会消耗你的工作存储器。怎么办呢?**把这一任务转换为能具体回忆起来的形象,放入自己非常熟悉的位置。也就是说,做笔记。**

首先,为备此类事态之需,你要事先将自己非常熟悉的位置确定为"笔记空间",比如自家门厅等。你的"位置记事本"可以是这样,第一页是"自家门厅",第二页是邻居"山田家",第三页是山田家旁边的"停车场"……

然后,就把你想记住的信息转换为具体形象,依次放到上面的"位置"里。

比如,如果要记住"用邮件给佐藤先生(女士)发PDF资料",就想象一下佐藤先生(女士)站在第一页的"自家门厅",

并把这一形象记在脑子里。

　　这样一来,无须工作存储器就能把任务记住了。等回到公司再确认一下"位置笔记本","自家门厅……噢,是佐藤先生(女士)。对对,是要把前几天的资料用PDF发给他(她)!"这样,就能回想起来了。

　　或许你会担心,"就算能想起是佐藤先生(女士),但有可能想不起要做什么"。实际上,记忆是很神奇的,只要有个引子,就会像顺藤摸瓜一样逐一苏醒。所以,没必要太担心。如果实在担心,那就想象一个超日常的夸张形象,再把它放入"自家门厅"。比如,佐藤先生(女士)抱着一个大纸箱,上面写着"PDF"三个大大的字母!这样一来,既能想起佐藤先生(女士)所求之事,也比只让他(她)站在自家门厅的形象更有冲击力,就不会连还有这么个任务都给忘了。

　　务请放松一试,就当是好玩,用一用"位置笔记本"。

　　还有一点。虽然说最好不要把有必要同时记住的几个事项放入同一个位置,但已经无须记忆某事项时,也完全可以把位置腾出来,好放入其他事项的形象。

　　如果是常见的商务场景,轮番使用自己记得很清楚的那些位置就足够了,比如从家到车站的路线等等。只要把这种能立即回想起来的位置记在心里,那在做不了笔记的情况下,也能一下子记住,这就不会给工作存储器造成负担了。

像这样,为不因突然要记住什么而分散注意力,干扰工作,以某种方法代替工作存储器的功能是非常有效的。

保持注意力、提高思考能力
——"理解"与"记忆"的力量

所谓理解,就是压缩信息

前面,说明了不给工作存储器造成负担,从而保持注意力,保证工作效率的方法。

实际上,要解放工作存储器,还有一个方法很有效——**理解信息。**

理解,能减少信息量。也可以说,所谓理解,就是总结信息要点，压缩信息。

"理解，能压缩信息？"可能很多人都有这样的疑问。在这里，不妨举一个简单的例子解释一下。

请在五秒之内记住下列英文字母："KMOCYLYTIOPO"。

怎么样？或许你会被难住，"这哪记得住！"

如果是下面这列字母呢？ **"TOKYOOLYMPIC"**。

这一列，一瞬间便能记住，对吗？

实际上，"KMOCYLYTIOPO"与"TOKYOOLYMPIC"（东京奥运会——译者注）所包含的字母完全一样。但二者又有着极大的不同：**"KMOCYLYTIOPO"是无意义信息，而"TOKYOOLYMPIC"则是有意义信息。**

下面，请你回想一下要记住这两组字母时的感觉。

要记"KMOCYLYTIOPO"的时候，脑子里是不是一下子就满了，感觉就像硬往里塞一样，被它们压倒了？一旦被大量信息压倒，人的思考就会僵硬。这是因为，大量信息将工作存储器占满，思路暂时停止了。

可以说，这跟同时启动大量软件或处理影像等大数据信息，导致电脑死机是一样的。

但在记"TOKYOOLYMPIC"时，你的感觉，应该是只

用了大脑的极小一部分。

为什么会有这样的不同呢?因为,你在理解有意义的一列文字时,它们不再只是很多文字的无序集合,信息有条理了。

对工作存储器来说,较之逐一记忆零乱无序的字母,将整理后的字母作为一个词来记,会极大地减轻其负担。

可以说,"所谓理解,就是压缩信息,减少信息量的脑部活动"。

进一步说,"理解就是最佳记忆术"。

这,就是"理解"的力量。

有记忆才能理解,有理解才能记忆

至此,我们解释了"理解"对记忆的帮助和为减轻工作存储器负担所做的贡献。反过来,**也可以说有效利用记忆,能提高理解和思考能力**。

不用说,这两大技能对工作非常重要。无论是有令人费解的专业术语的书籍、资料,还是新的概念,只要能轻松理解,你就能在工作中取得更大的成果,也就能获得职业提升。

下面，就介绍一下具体方法。

一说"理解"，"逻辑性理解"的色彩或许会很强烈，实际上，理解，来自与既有记忆的联系。无论思考多富有逻辑性，若不知道所用的词是什么意思，或不能将文章内容与自己的记忆相结合，同样无法理解事物。

也就是说，说到底，是记忆让理解成为可能，记忆量与质的不同，会带来理解能力与思考能力的差距。

人们在谈论"理解"与"记忆"时，经常将二者对立起来。特别是用"背"等词指代记忆时，更是如此。用"死记硬背"这个词时，包含着"不要去理解"的意思。如前所述，"理解"与"记忆"是表里一体的，是一枚硬币的两面。理解就是最佳记忆术，而要理解事物，你脑中蓄积的记忆又缺之不可。

也就是说，两者是相辅相成的，"有理解才能记忆"，"有记忆才能理解"，是一种协同效应。

因此，提高理解能力的关键，就是发挥"理解与记忆的协同效应"。而最没效率的，就是理解与记忆的偏废，"总之，非理解不可……""总之，非记住不可……"

比如，如果眼前的文章内容轻易理解不了，那就稍微记（背）一记。你的理解会因此而进步。反过来，如果怎么都

记（背）不住，那就从文章中找一找哪怕只能理解一点点的内容。你的记忆也会因此而进步。

理解与记忆的关系不是非此即彼，而是让能前进的一方稍往前行，记忆与理解两方面不断深化。这样，记忆与理解的协同效应就会不断加速。

首先要"熟悉"词语

那么，要理解有难度的内容，又该从何处着手呢？

"熟悉"词语。

比如，你读的书属于从未接触过的全新领域，于是就与从未见过的专业术语迎头相撞。这时，看到那些不明其义的词，你的头嗡的一下就大了，后面的文章可能就读不进去了。

这就是前文所说的"工作存储器"进入了满载状态。存储空间被第一次看到的专业术语消耗殆尽，没有资源去阅读后面所做的相关解释或说明了。在这样的状态下，无论你多想努力阅读相关说明也读不进去了，更何况，也无法结合自己的既有知识加以理解。

要想消解这种状态,就是"熟悉"词语大显神通的时候了。

只要是用词语来表达的,如新词语、新概念等,即便无法理解其内容,那个词或那篇文章也照样是能"读"的。**与无法理解的词语或文章不期而遇,不要勉强自己去理解,而是粗读即可。试着多读几遍。这就是"熟悉"。**

这种"熟悉"的行为,也可视为记忆的一种吧。或许你会想,"只是这么做,理解不会有进展吧。"但不这样做,理解的过程本身都无法开始。要理解有难度的事物,首先要避开的状态是,"看到词语或阅读文章时,工作存储器满载"。

你想理解不明其义的文章,并努力读了很多遍,但在工作存储器满载的情况下,你的思考是不会工作的。与其这样去努力,不如"不管怎样,熟悉了再说",即不去在意细微之处,而是试着反复阅读。

接下来,当你再次遇到这个词时,就会出现很大的不同。你的工作存储器不会只是因看到这个专业术语就满载了,而是会腾出空间去阅读这一术语的解释和说明,或把你既有的相关记忆叫到工作存储器,与之结合。而你的理解就会随之取得进展。

理解不了"内容"就理解"结构"

还有,当你阅读的文章有理解难度时,如果理解不了内容,还有另一个推动理解的方法。

这就是"理解结构"。

什么是"理解结构"呢?举个例子。你在读书时,有十行理解不了,就想"这个段落共由十行构成"。只要有这样一个认识,就完全可以了。

或许你会想:"什么?这什么用都没有吧。"就像"熟悉"词语一样,这也是推动理解的第一步。

比如刚才的例子,只要记忆中有这样一个引子:"一段长达十行的文章啊!"再回头读时,就会有一点儿熟悉感:"啊。是那段长文。"这样一来,你的工作存储器就会比初读时从容,注意力就能用到其他方面了。

比如,这段十行的文章"是由两大要素构成的"。当然,这还没到理解内容的地步,但对"结构"的理解更进一步了。

若坚持沿用这一方式,慢慢地,你就能更轻松、更深入地阅读有难度的文章了。一旦工作存储器从容了,你就能注意到其前后的文章段落,即留意到补充性内容的存在,而这,就会成为你解读内容的一把钥匙。

很多时候,就算理解不了"内容",但只要能理解"结构"就能理解。并且,从结果来看,理解"结构"会减少信息量,而信息量的减少又会减轻工作存储器负担,这样一来,你对内容的理解就会越来越轻松。

向他人"说明"自然就能理解

最后,介绍一下让理解更进一步的方法。

这就是向他人"解释说明","讲"给别人听。

就算你还没理解,但不管三七二十一,就是要向你身边的人说明一下。当然,就算你不能很好地说明也没关系。因为,你想说明时,大脑自然会去整理信息,或是构思故事。

或许,这样的事你也经历过,在你跟别人讲的过程中突然意识到:"啊!是这么回事啊!"即在跟别人讲时才理解它的本质,才完全领会和认同。

后面还会讲到,信息是无法单独存在的。大脑接触信息后,一定会努力将之与既有记忆相结合。因此,大脑会试图去整

理信息，找出其中的因果关系，或是构思故事，等等。

当然，很多时候，这种因果关系或故事并不正确。即便如此，你对物象的理解无疑也会比以前更为深入。

加深理解的终极关键词："总之"与"比如"

想一边向他人说明一边加深理解时，有的关键词可以说是必用无疑的。

这就是"总之"和"比如"。

"总之"会总结信息要点，予以抽象，减少信息量。而"比如"则会展开信息，将信息具体化。虽然增加了信息量，但很有可能将新信息与既有记忆，即与此前经历、既有知识相结合，从而强化记忆，让理解变得更容易。

也可以说，所谓有理解能力、有思考能力的人，就是有效利用"总之"与"比如"，反复压缩与展开信息，无时不有意识地去把握事物本质与原理的人。

就算看到同样的现象，他们也不只是去看很容易看到的表面，还会将意识指向隐藏于深层的不可见的部分。

乍看之下，似乎很费力气。一旦抓住了事物的本质、原理及规律，就不仅能深入理解眼前的物象，还能灵活运用到其他事物。从结果来看，会节省你的劳力。

除"总之"和"比如"外，想理解某一新事物时，你可以说："这要是换作〇〇来说，会是什么呢？""这跟××有何不同？"或是"这与□□有何相通之处？"

像这样，积极主动地去寻找与其他事物的异同点也非常有效。

只要你坚持下去，知识或经历就会不断结合下去。记忆与理解都是"联系"与"结合"，记忆在"联系"与"结合"中扎根，理解在"联系"与"结合"中深化。

成为简报、演讲达人

大脑善于"大致"记忆

你有没有做过工作简报,或是在婚礼等活动中讲过话?

如果有,可能也曾因总是记不住内容焦虑过吧。

明明某一个地方刚读过,可一脱稿就全忘了。"怎么就是记不住呢?!" 或许,你也这样感叹过吧。

实际上,你完全没必要自责。

因为,像工作简报、演讲等长文,若从头到尾按顺序记,

第4章 大脑记事本 ——"工作存储器"的管理方法

本就不可能轻易记住。

为什么呢？原因就在前文说过的工作存储器。它是有限制的，一次只能记住7±2或是4±1条信息。当超过这一数字，就算你想放入新的信息，也会溢出来或者陷入混乱，而只能记住个大概。

一下子记住大量详细信息，大脑是做不到的，而只能记住个大概。考虑到这一点，那你要一字一句地准确记忆工作简报或是演讲稿，这就是无视大脑工作原理的蠢举了。

那该怎么记呢？

只要遵循大脑学习原理就能记住，并且是记住大量信息。

这就是充分利用大脑善于"大致"记忆的特点。

刚才说："即便你想把大量信息放入工作存储器，也只能留下大致内容。"反过来就是说：**"如果是大致记忆，那就会留在工作存储器而不会外溢。"**

就算你记不住工作简报或演讲稿细节，但主干还是能大致记得的。

比如，如果是婚礼演讲，那其大致结构应该会留在脑子里。不如说，它本来就在你的脑子里。工作简报也一样。

所以，只要你有效利用下面的方法，就不会造成工作存

储器负担，扎扎实实，且绝对快速地记住大量信息了。这就是，在确认"大致记忆"的基础上，不断向细节记忆扩展。

这就是要向读者介绍的"金字塔记忆法"。

构建信息"金字塔"

所谓金字塔记忆法，就是将信息"构建为一座金字塔"。即有效利用金字塔结构去记忆的方法。

在具体说明之前，请你先想象一下"金字塔"的样子。

然后，再想象自己站在金字塔最下层的巨石前。

你面前就是一块巨石。这巨石的旁边还是巨石，一字排开，数量庞大。再往上看，还是一层一层，数量庞大的……巨石。

恐怕，你也会被其量之大压倒吧。

换个角度，你不再站在下面仰望，而是站到上面俯瞰。

请你想象一下，自己正站在金字塔的最顶端。

有恐高症的人或许会害怕，但看一眼脚边，石头，只有一块！而这块石头的下面，是四块……

你是否已经意识到，若从上面这样俯瞰，就算是同样由大量石块建成的金字塔，但再看时已不会被巨石的数量之大压倒了？

当然，无论是站在下面仰视，还是站到上面俯瞰，石头的数量是一样的。但与在下面仰视相比，俯瞰时是不是看得更清楚，"被压倒"的感觉也减轻了呢？

这种"被压倒"的感觉，就是你要记忆大量信息时给工作存储器造成的负担。

有必要获取大量信息时，这个视角就是关键所在。

有效利用"层级"，记忆大量信息

那么，具体该如何使用金字塔记忆法去记忆大量信息呢？

先问你一句，如果冷不丁让你"记住这 256 个信息"，你会怎么想呢？可能会"哎？！"的一声被任务压倒吧。

要是 4 个信息呢？

是不是感觉就能记住，实际上也能记住呢？"要是 4 个嘛……"原因在于，这在工作存储器的容量范围内，你能记住。

只要记住过一次，"重温"就容易了，而你的记忆也会因重温而进一步强化。反过来，记忆越被强化，回想起来也就越容易。回想起来容易了，重温就会更容易，就更容易想起来。在这一过程中，你的记忆会得到进一步的强化……就像前面说过的一样，进入记忆的良性循环。

下面，再假设你把刚才记住的 4 个信息中的第一个进一步分解为 4 个更为细小的信息。你会不会觉得，这也是"差不多能记住"的呢？

原因在于，最先记住的 4 个信息，已成为你稳固的立足点。

当然，有必要将立足点信息与 4 个新信息联系到一起，但若只是 4 个，你的工作存储器就不会被压倒，这就完全有能力记下来加以重温。如此，记忆就会不断扎下根来。

接下来如法炮制即可。再把刚才记住的 4 个信息中的第二个进一步分解为 4 个更为细小的信息。这样，你能记住吗？

这 4 个信息也一样，因为你最先记住的信息已经相当牢固，也就能轻易将 4 个新信息与之结合到一起。

当然，刚才记住的 4 个小信息可能会慢慢淡忘。

这时候，你要先去温习最先记住的 4 个信息，再去温习由第一个信息分解出来的 4 个小信息，最后，再温习现在记住的 4 个信息……

这样分层级去记，就能减轻工作存储器负担，记忆速度之快，绝非并列记忆 16 个信息可比。

只要不断重复这一做法，就能在短时间内将前面提到的 256 个信息记在脑子里。

工作简报或演讲稿也一样。先大致记住主干结构，再不断由此伸向枝节就可以了。

也就是说，像金字塔一样，只要充分利用其越往下越大的层级结构，就能轻松记住一般而言会大到被其压倒、动弹不得的信息量。

高效记忆书籍或教材内容

"书本结构"进化,便于理解和记忆

前面介绍的"金字塔记忆法",即层级式记忆法不仅仅局限于工作简报或演讲稿,只要是大量信息的记忆都会发挥作用。

特别是要高效记忆新领域的新知识,或是学习、掌握与资格考试有关的书籍、教材时,非常奏效。

实际上,金字塔型层级结构与人脑的构造特点相似,所

以非常适合记忆。

当然,这一结构不只适用于自己记忆,还能在向他人传达信息或分享知识时发挥作用。借助金字塔结构进行层级式说明,对方更易于记住并理解。

正因如此,**社会中的信息或知识,几乎都是用金字塔结构整理过的。**

比如书,首先会有"标题"。这就是金字塔的塔顶。

而标题的下一级,就是一字排开的"章"。章数多时,有时会分为"部",如上部、下部,第一部、第二部等。"部"的标题,如果没有部那就是"章"的标题,就是第二层。

而在各"章"之下,则是顺序排开的小标题(节)。并且,比如本书,有的小标题下面还有更小的"二级小标题"。

小说暂且不提,像本书一样传播知识、传授技巧等的书籍,几乎都是这种金字塔式结构。

或许因为这太过寻常,你一直没意识到,但这种结构是最简明易懂的信息整理方式,也是最便于理解和记忆的结构方式。

不时参照目录

为记忆某种信息或知识而读书时,只要你有效利用目录,留意这种金字塔结构,效率就会非常高。

因为,只要参照目录,目光一扫,这一金字塔结构便一览无遗了。

读书时,你在多大程度上有效利用目录了呢?若只以之为"索引",用以寻找想读的内容就太可惜了。

实际上,当你无法充分理解某些内容,或中途读不下去时,目录都会成为你的助手。

此时,你所陷入的状态,就是"没溺于信息的汪洋大海",或是"在信息之海里疲惫不堪"。这时候你所需要的,就是能将信息这片海洋一览无遗,并能让身体与大脑放松休息的歇脚点。

这个歇脚点就是目录。

将"直线式"文章改造为金字塔结构

有效利用书籍的金字塔结构记忆,就是充分发挥大脑特性,这样的学习方法非常高效。

有时,特别是难以读懂的书,这个方法又很难实践。这是事实。为什么呢?因为**其文章本身并非金字塔结构。**

用专业术语表述就是,文章是"直线式"的。也就是说,其文章结构是"一条直线"。语言诞生于文字之前,这也揭示了语言的特性,即它是说话的工具。而文章又是语言的集合,自然就成为"一条直线"了。

也就是说,就算整本书的结构是层级式的,但展开其内容的文章是"直线式"结构。

所以,要高效学习书本知识,关键就在于如何让"一条直线"的文章接近知识表达的层级结构。

着力点有两个。一个是词语层面的"连词",另一个就是语言的搬运媒介——"书"。

比如连词。刚刚用的这个"比如"就能提醒对方,要把该词前面的抽象内容具体化了。

当然，文章依然是"一条直线"，并无变化，但连词的存在能让文章立体化，向层级结构靠近。

并且，也可以说"书"这一形式本身就是层级结构。标题、副标题、小标题，还有目录。

书所采用的结构就是用以传播知识的层级结构，其内容则是一条直线式的文章。

从某种意义来说，书，就是将一条直线式的文章与层级式结构的知识结为一体，进而言之，是与我们的大脑结为一体的桥梁。

只是，即便加了小标题，文章也仍是一条直线。遇到难以理解、记忆的部分时，不要原封不动地沿着一条直线去读，去理解和记忆。要点在于，留意文章的层级结构，边整理边理解和记忆。

而且，这并不需要你挑战什么困难，**只需"回忆"读过的内容**。仅此而已，就能把没有小标题的文本部分整理为层级结构。

"回忆",可自然建成"金字塔"

做法很简单。

理解不了就暂时停下,不要往下读了,而是回想一下前面读过的部分。

如前所述,大脑记忆既粗略又模糊,所以,你能想起来的或许只是个大致轮廓,或是与已经熟知的知识相关的信息。也就是说,能回忆起来的信息量会大幅减少。

但反复回忆已然减少的信息,就是在为建立金字塔结构打造立足点。

有了立足点就由此出发,逐渐进入更为细微的信息。就这样用回忆把立足点建下去。重复这一做法,最后就会建成一座金字塔。

在实际阅读中,"读过什么一点都没记住"或"什么都想不起来"的情况也经常发生。

或许,几乎所有人都是如此吧。

但这只是我们的错觉。**产生这种感觉不是因为你没记住,而是大脑想放松。**

我们的大脑被称为"终极节能设备",无时无刻不想放松。所以,就算你想记起什么,一开始也很难记起来。

怎么办呢?遇到这种情况,请你这样问自己:

"一点点也好,就真没记住什么吗?"

这样一问,大脑就开始搜索留在里面的记忆。细节可能搜索不到,但你读过的书一定会在记忆中留下什么,大致内容还是能回忆起来的。

只要你这样反复重温回忆起来的信息,打造立足点,并将之与文章中的相关信息相结合,文章就能自然金字塔化,越来越容易记忆。

第5章
聪明人采用的记忆链接法

输入大量信息并有效利用的能力!
提高灵感迸发力及建立人脉的能力!

如何输入大量信息并有效利用

通过"链接"与"重复"管理记忆

"记着那个人的长相,可名字怎么都想不起来了……"

这样的情况,你也经常在工作中遇到吧。

对商务人士来说,记住人的名字非常重要。特别是从事业务工作或接待客人类工作的人,要建立良好的客户关系就必须做到。随着业务往来人员或客户的增多,记住对方的名字就会越来越困难。

反过来说，只要你能记住他们的名字，遇到就能脱口而出，又会成为你的一大优势。

也许有人会想："就是因为办不到才劳心费神嘛……"但要办到，也是有办法的。

这就是本章要展开介绍的方法，有效利用"链接"与"重复"管理记忆。

有效利用这一方法不只会记住大量的人名，还能提高你的灵感迸发力；不但能建立起广泛的人脉，还能想出好点子，等等。也就是说，这个方法能让你掌握各类技巧，取得丰硕的工作成果。

牢记5000名客户姓名、长相与公司名：
酒店服务生的记忆术

先说一个记忆强人的小故事。

他是一家酒店的服务生，牢记着5000名客户的姓名、长相及所在公司。

据说，因该酒店经常举办企业聚会，很多大企业管理层

都是常客。客人在酒店门口下车，一走下来，他就能瞬时想起对方的名字与所在公司，打招呼迎接。

虽说是工作，但能牢牢记住 5000 人啊，怎么说都是一件了不起的事。

要说他的记忆力非常人可比，又并非如此。

那他到底是怎么做到的呢？

原来，他按客人所在公司，将客人们的姓名分别整理到了笔记本里，且每天在"维护"中反复翻看，边翻边回想客人长什么样子……他就是这样，慢慢牢记在心的。

"就这么'质朴'的方法？记住了 5000 人的姓名与所在公司？！""这种办法，要花相当长的时间吧！？"

可能很多人都会这样想。但是，他既未投入大量时间，也没付出呕心沥血般的努力。

这其中蕴含着一个秘密。

这就是，**不是只记姓名与长相，而是连公司名称一起记**。

或许你会问："什么？信息量增加了，那不更难记了？"

实际上，"增加记忆量，更容易记忆"。

记的东西越多，记忆越轻松

当然，如果纯粹增加记忆量，记忆的时间与劳力就会增加。记忆200名客户的姓名的确比记忆100名困难。

但是，同时记忆100名客户的姓名与公司，比只记忆这100名客户的姓名更为容易。

就像刚才那位服务生，他依所在公司对客人的姓名进行了整理。

当然，因并非"一家公司就一个人"，所以，公司数量要少于5000。

也就是说，因为他有效利用"公司"这个大的范畴信息对客人姓名进行了整理，让记忆变得容易了。

其原理与前章介绍的"金字塔记忆法"一样：若只是姓名，工作存储器就会被其量之大压倒而"死机"，但只要增加公司名称这一个信息，就能轻松以对。

姓名与公司一起记忆的好处不限于此。

为要记忆的目标信息增加关联信息，不仅会提高信息的重温频度，让记忆扎根。同时，还增加了抵达记忆的"入口"

数量，可收更易回想之效。

用认知科学的术语来说，这叫"精致化彩排"。

所谓"精致化"，意为更加详尽和细致；而所谓"彩排"，就是"重复"。也就是说，不只是单纯重复同样的信息，而是进一步加入其他信息，让它更为丰满。

与"精致化彩排"相对的是"单纯彩排"，意为相同信息的单纯重复。

实验结果证明，在强化记忆方面，精致化彩排比单纯彩排更为高效。

脑细胞相互串联，顺藤摸瓜式很有效

比如，假设你记忆姓名时不只加入公司名称，而是连籍贯等信息都加进去，那么，相同籍贯的人，其姓名信息就会以"籍贯"链接到一起。

举个例子。读到或是想起静冈县人田中一郎时，"静冈县人……"这样一想，同是静冈县人的铃木宽你也会想起来。慢慢地，虽然你只读到或是想起了田中一郎，但连铃木宽这一姓名也会被激活（脑神经回路通电）。

也就是说，一旦你重复田中先生（女士）的姓名并加以记忆，铃木先生（女士）的姓名也会同时被反复忆起，这就能在短时间内让更多记忆扎根。

我们的大脑是通过神经回路记忆信息的，而神经回路则由无数神经细胞链接而成。一般认为，在掌管人类思考活动的大脑皮层中约有140亿个神经细胞，而每一个神经细胞又经由数千乃至数万条神经回路与其他神经细胞相连。特别是回路密集的部分，切下来数一下你就会吃惊地发现，只是米粒大小的部分竟有多达10亿条的神经回路！实在令人叹为观止！

实际上，直到目前也不能说，人类已经搞清了大脑记忆事物的详尽机制。

确凿无疑的是，大脑是通过神经细胞的相互链接来记忆的。所以，为了最大限度利用这一机制，将各类信息与目标记忆信息关联到一起会非常有效。

将信息与信息结合，我称之为"关联化"。

与目标记忆信息相关的神经细胞和其他神经细胞的链接增多，即关联化的加强，会化身为所谓信息的"十字路口"，

在这里通过的信息量会增加，记忆会更为牢固。

所以，将已经记住的信息与想要记住的信息进行各种关联，推进关联化，就会强化大脑神经回路的相互链接，有助于记忆扎根。

建立信息间链接，不只易于记忆，也易于回忆

加强关联化的益处不限于此。追加关联信息，也更易于回忆。

原因很简单，**周边信息增加了，就能从不同侧面访问必要信息。**

比如，如果有公司名称或籍贯等信息，那要回想姓名时，经由这一途径想不起来，也能经由其他途径抵达。

或许你也有过这样的经历，要记起以前的某件事情，却又总是想不起来，但因想起了某段逸事，各种记忆便如顺藤摸瓜一般相继苏醒，最终，成功抵达了你要找的记忆。

像这样回想一下自己的经历就会明白，你的记忆是相互串联的，可以顺藤摸瓜式回忆起来。

信息无法单独存在

虽说有意识地让信息关联化很重要,但即便我们意识不到,关联化也在自然发生。

作为编辑、作家、编集工学研究所所长,松冈正刚先生以其渊博的知识,及以此为基础、刀口颇锋的编辑能力而闻名。他曾说过这样的话:

"信息无法单独存在。"

意思是,就算你接触到什么信息,该信息也无法在你的大脑中单独存在,它一定会去呼唤你的既有记忆,想与之链接到一起。

如果将它比作人,或许会更容易理解。

"人,无法单独存在。"

只要我们活着,就一定会与他人发生联系,并想建立联系。

当然,这种联系不只是友好关系,也有敌对关系……

同理,你的记忆同样无法单独存在。

如果你不去努力,它就会随心所欲地与其他记忆链接到一起。

置之不理，还是有效利用前面介绍的方法管理你的记忆，发挥记忆的力量，去你想去的地方？

只要发挥其自然会与其他信息链接的力量，同时加以管理就可以了。

前面的说明是以记忆人名为例，但只要充分利用关联化，就能在短时间内准确记忆各类信息，并能在需要的时候马上回想起来。

主动让信息相互链接，就能强化你的记忆，就能随心所欲，输入、输出大量信息。

提高灵感迸发力与创造力

大量想法为卓越想法之母

在经济成熟、商品难销的时代,要做出成果,要开发出前所未有的商品,提供前所未有的服务,灵感迸发力与创造力非常重要。

第一章中介绍过,灵感迸发力与创造力的基础同样是"记忆"。可以说,无论想法多具有划时代性,说到底还是来自既有想法的不同组合。

所以，只要增加与既有想法相关的记忆量，理所当然地，组合选项的量就会随之增加。

或许你会突然想："只增加想法的数量没什么用吧……最终还是要看质量。"的确，要有好的想法，只有数量毫无意义。**但要提高想法的质量，数量必不可少。**

事实上，表现超群的点子大王、经营者，还有被称为革新者的人们无一例外，每天都在提出大量的想法。

而在其卓越想法的背后，则是弃而未用，多至几十、几百甚至几千倍的想法。好想法，是从大量想法中产生的。

为什么"量变引起质变"

要想法的质，为什么需要想法的量呢？

换句话说，就是为什么量变会引起质变。

当然，也有"乱枪打鸟"总能打中的因素。但一个很重要的原因是，**聚焦于量，你就不会被自身的既有模式或僵化观念轻易局囿。**

前文说过，我们的大脑有一个特点，倾向于依"己"之便认识和记忆信息。若放任不管,你的知识、信息及看法就会落入偏颇的陷阱,只能在以往的延长线上思考,这就很难产生卓越的想法。

虽然有心"拿出好点子""拿出从未有过的新想法",但你对点子、想法的评价与判断标准,依然是自身既有的"好""新"标准,如此,反而会加强既有记忆框架的束缚。

反过来,当你想"不管那么多,先拿出量来"时,基本就不会去考虑"好""新"等质量问题了。

表面上看,"不考虑质"像是在偷工减料,但会成为我们解放思想、产生大量想法的触发点,这对迸发出前所未有的灵感非常重要。

这就像二律背反,不拘泥于质,着眼于量,反而会催生出高质量想法。

从某种意义上来说,聚焦于量,从量中提炼好想法,也是帮助我们逃离既有"记忆",即僵化观念束缚的方法。

而要逃离僵化观念的束缚,**拥有广阔的视野也非常重要。**

所谓关联化,就是接连不同的记忆。作为链接之源,信息必不可少。从这个角度来说,也有必要基于广阔的视野广泛收集信息,不断纳入记忆。

无所畏惧地不断打破自身框架，开阔视野吧。

必须谨记的是，记忆，既是灵感的来源与基础，也在孕育着自锈双手的危险。

灵感频现的人，不是无意识使用"记忆"的人，而是会善加管理并有效利用的人。

"提问"会让关联化自然进行

刚才说，所谓卓越想法就是既有记忆间的新链接。

当然，也会有新信息与之链接。可以说，这就是"关联化"。

说是要"链接"，但你没必要为将信息链接到一起如何地去努力。只要你做一件事，你的大脑就会自然去链接。

这件事就是——"提问"。

比如，"有没有实现○○的好主意呢？""那个商品为什么会大获成功呢？"

不断地、反反复复地提出这样的问题。

这就像只要在搜索引擎里输入关键词，页面就会显示相关网站一样，你的大脑也会去搜索相关记忆。当然，有时候不会马上找到答案，但只要你提出了问题，当答案，或是与答案相关联的信息出现时，你的大脑就会立即将之捕获并加以链接。也就是说，为你做"关联化"工作。

所以，你没必要为链接信息而努力。

只是问自己，并一直把问题带在身上就可以了。

加速关联化的是"将一切转换为问题的能力"

话虽如此，但"提问能力"因人而异，有的人会自发提问，有的人不会。

请你先思考一下，什么人会经常提问呢？就是马上会问"什么？""为什么？"的人。

恐怕，很多人都想到了同一种人。

没错。是孩子。

你以前也是这样的。原因之一是孩子们不知道的事情多，所以就会问身边的大人——父母或老师等，"为什么？""这是怎么回事？"

但多数情况下，随着年龄的增长，知道的事情多了，也慢慢变成了大人，对周围的事物、对世界不再抱有疑问了，"啊。这个啊。""知道，知道。"

相反，那些卓越的研究者、经营者，或被称为革新者的人毫无例外地，即便在成为大人以后也一样在问。有疑问，就会有新发现，就会有好想法。

只是，像这样下意识提问不断的仅有极少数人。

多数人需要有意识地提问，需要有意识地养成不断提问的习惯。不如此，不自觉地就"自以为明白了"，也就提不出问题了。可以说，这也是一种记忆管理吧。

那该怎么办呢？先从"形"开始。不管三七二十一，就是要把所有的一切都转换成问题。

比如，"'转换成问题'？这是什么意思？"就是个很好的问题。

如果马上就自以为明白了，"'转换成问题'？噢，是这么回事啊。"那你就关上了关联化大门，到此为止了。

怎么做呢？**时刻对自己、对自己看到的世界抱有疑问，不断扩大视野。**比如，"有可能我并不明白。""自己的想法有可能是错误的。"等等。

不管怎样，把所有的一切都转换成问题试一试。

大脑记忆的关联化会由此起步，也会提高你的灵感迸发力与创造力。

关联化也会改善人际关系

一旦你这样做，具备了"转换为问题的能力"，就会为你带来意想不到的效应。

这就是，人际关系的改善。

具备了"转换为问题的能力"，对待任何事物，你就不会"自以为明白了"，而会以"喜欢还是讨厌""对还是错"的二元论做出自己的评价或判断。对"人"也是一样的。

不只是对喜欢的人、合得来的人，就是对之前不擅与之相处的人，甚至是你讨厌的人，也会一点一点生出好奇："这个人，到底是什么样的人啊？"慢慢就会找他说话，或是好好听他说话了。随着对话的增多，就能慢慢地互相理解了。

当然，也有可能逐渐明确彼此个人喜好或价值观的不同。只要能好好直面这一不同，并予以理解，作为个性不同的人，也能以相应的方式交往下去。

　　所以,意识到"关联化",有了将一切转换为问题的能力,就能不断改善人际关系。

扩大人脉

"关联化"还是扩大人脉的要点所在

如前所述,只要有效利用"关联化"这一大脑机制,就能强化信息与信息的链接,轻松增加你的记忆。

并且,为加速这一进程,有意识地"将一切转换为问题",你对周围的人、事、物的好奇心就会更加强烈,你感兴趣的事物就会增多,而你的灵感迸发力、创造力就会因之提高,人际关系也会因之改善,等等。

关联化所能提高的技能并不只是这些。实际上,它还能提高商务活动必不可少的"建立人脉的能力"。

一听到记忆与人脉有关,很多人会不明所以吧。但这两者之间关系极大。

你身边应该也有一两个人脉广泛的人。现在,就请你回想一下这个人。

他又是如何建立人脉的呢?

所谓人脉,就是"人与人之间的联系"。

"让这两个人携手,可能会做成这样的事吧?""这个案例,跟那个人谈一谈会不会有好的想法?""○○先生(女士)的企划,如果与××先生(女士)合作,会不会就能落实?"像这样,将人与人,或是将案例与人结合,从而产生协同效应。

宾夕法尼亚大学沃顿商学院教授、组织心理学家亚当·格兰特先生在其著作畅销书《GIVE & TAKE——"给予者"才会成功的时代》(三笠书房)中,讲述了被称为"给予者",即总在思考"先要给人以帮助,先要给人们什么"的那些人的成功及其成功的秘诀。

下面这一段描述的,就是该书列举的"给予者"之一,拥有广泛人脉的里夫金先生。

里夫金先生其意不在价值交换，而是一心一意于一个目标——"增加"价值。他想基于一个简单质朴的规则帮助别人——"五分钟亲切"。

"亲切，只要有五分钟就能做到。我们应将之送给'所有人'，让他们开心。"

每当第一次见到某人，里夫金先生都会问几个问题，寻找身体力行"五分钟亲切"的机会。噢。您在忙这样的工作啊。有什么烦恼吗？需要什么意见、建议，或是给您引荐什么人吗？

就这样，里夫金在"结合"上稍下功夫，从而建立起了广泛的人脉。

这个小故事让我们明白，**拥有广泛人脉的人不单是认识人多，还非常善于让人与人相结合。**

进一步说，就是善于思考如何将人与人组合到一起。也就是说，如要建立人脉，那么，灵感迸发力、创造力，以及打造这一能力的"关联化"同样很重要。

人唤人，关联自然发生

就像关联化能够催生出大量想法间的不同结合，提高灵感迸发力一样，思考人与人的各类组合，也会进一步催生出更多的人际结合。

就像记忆呼唤记忆新记忆会不断增加，人唤人，同样会不断拓展出新的人脉。

慢慢地，你就会自觉拓展自己与周围人的关系，进而拓展周围人之间的关系，而你的人脉，就会以加速度拓展下去。

也就是说，**你自己，成了让原本互不相干的人链接到一起的那个"链接点"**。

并且，由此而来的人与人的结合会催生出了不起的价值的可能性就会提高。

如果你想拓展人脉，只是前往很多人参加的跨行业交流会等交换大量名片是不够的。最重要的还是"关联化"，边进行记忆管理边问自己："要实现这个想法，应该找谁商量一下呢？""能与〇〇先生（女士）合作产生协同效应的，会是谁呢？"

不断地这样问自己非常重要。

如此管理你大脑中的记忆,不断推进关联化,就能拓展外部人脉,提高自身价值。

第6章
记忆最佳化及提高"工作能力"的方法

学习会转化为成果！具备领导能力及表达能力！能跟任何人交往！

将所学转化为"实用职业技能"！

有没有成为不出成果的"技巧收藏家"

笼统地说都是"记忆"，但也有很多分类，如短期记忆、长期记忆、显在记忆、潜在记忆等。第 4 章介绍的"工作存储器"（作业记忆）也是其中一种。只要有效利用各类记忆，就能将各类商务技能集于一身。

本章将分门别类地介绍与各类商务技能相关的不同"记忆"，同时介绍将记忆最佳化、提高工作能力的方法。

第6章 记忆最佳化及提高"工作能力"的方法

先问你个问题,在你周围有没有这样的人呢?他们"阅读了大量商务类书籍,并参加了很多讲座或研讨,深化学习,可就是无法在工作中拿出成果"……

明明很有学习热情,可就是不开花,不结果。

说不定,有的人自己就是这样。

销售、市场、交流、工作简报、时间管理,甚至还有目标实现法,等等,各类技巧都学习过,很清楚该怎么做,但几乎都没实践过。就算实践了,但只要稍有不顺就又去寻找新的技巧……

这样是很难取得成果,也很难成功的。有人将这样的人称为"技巧收藏家"。

说实话,我自己年轻的时候,不,是直到最近都是这"技巧收藏家"中的一员。"世间就没有什么了不起的方法吗?就没有效率更高的做法吗?"

因为"不想徒劳无功,不想吃苦受累",于是就跟在这样那样的信息后面不停地追,结果白白浪费了大量的时间,空手而返。

当然,不是说学习某种新技巧本身不好。

但是,不管你脑子里装了多少技巧,只要不转化为工作

成果，只能是抱着金饭碗挨饿罢了。

下面，就从"记忆"的角度解释一下："为什么只学习技巧不行？"进而，"怎样做，就能运用学到的技巧拿出成果"。

说到底，这种现象的出现还是与"记忆"有关。

将所学转化为成果的金钥匙——"三大记忆"的管理

刚才所说的各类"记忆"中，有如下"三大记忆"。

① 知识记忆

② 经验记忆

③ 方法记忆

实际上，摆脱技巧收藏家窘境的那把钥匙，就捏在这"三大记忆"手里。

①"知识记忆"。即以各类技巧为代表的"知识"。是指在学校里通过教科书，或是通过读书、参加研究会等所学到的信息。

其一大特点是，"都能用语言表达"。

②"经验记忆"。这是与我们每个人的"亲身经历"有

关的记忆。

比如你正在读这本书,那将来"读过这本书"就是你的经验记忆。

经验记忆,既有可以用语言表达的,也有无法用语言表达的。

经验记忆的另一个特点,就是一定以"我"为主语。也就是说,经验记忆的当事人是你自己,所以一定是以"我……过(了)"来表达的。

③"方法记忆"。这一记忆与前两者不同,**其一大特点就是无法用语言表达。**

这是一种什么记忆呢?比如"骑自行车"。

请你回想一下,你是怎么学的呢?会不会想起让父母或是兄弟姐妹在后面帮你推的情景?而这一情景就是"经验记忆"。

那么,会骑之后的你,不同以往之处又在哪里呢?

可以说,现在的你"记住了骑自行车的方法",但这一记忆无法用语言表述。这就是"方法记忆"。

方法记忆是"身体记忆",无法用语言表达。

那么,被称为技巧收藏家的人们主要在使用哪一种记忆呢？

没错，是"知识记忆"。

实际上，要将知识性技巧用于实践，并转化为工作成果，就必须有效利用经验记忆和方法记忆，而不只是知识记忆。

理解"三大记忆"并善加利用，同时加以管理。这就是让你摆脱技巧收藏家窘境的那把钥匙。

"知道≠做到"

技巧、技能的传授，本就是用语言（有时用图表或照片等）整理成"知识"，再以书籍（比如本书）、讲座或研讨等形式传授。最近，尽管形式日趋多样，比如在线发布PDF文件，或是电子书、有声教材、动画教材等，但本质并无变化。

这类"知识"的源头本是"经验记忆"，即各界成功人士、技能达人的"经验"，包括他们的行动及成果等。也就是说，是先把这些"经验记忆"中能用语言表达的部分整理成"知识"，再加以传授的。

但在整理过程中，无论如何都会漏掉两样东西。

一是"无法用语言表达的'经验记忆'"。

举个例子。如果上司想让部下具备业务能力，就会带他一起跑业务，或是通过实习让他亲身体验，"公开演出"等等，即让他近距离观摩实战，就有可能将自己的部分经验记忆传授给部下。

但整理成语言之后呢？至多也只是"能用语言表达的那部分经验记忆"。**经验记忆中包含有无法语言化的内容，全都作为"知识"移植到他人身上是不可能的。**

二是无论如何都无法作为知识传授的记忆——"方法记忆"。

如前所述，**方法记忆是"身体记忆"，除非自己亲自行动，不断积累经验，否则绝对无法掌握。**

没人只是读书，或听别人讲，或看别人骑就会骑自行车、就会游泳了。

回忆一下自己的经历就能明白，这类技术，是在一次又一次的挑战与失败中掌握的。

所以，期待着只要实践别人教的或自己学的知识，就能立竿见影出成果，这本身就是不对的。

无论整理得多么浅显易懂、体系性多强，只要不能落脚

于方法记忆,那就无法转化为成果。而落脚于方法记忆的必要条件,就是采取实际行动,在一次又一次的失败中用身体记住。

因为"知道≠做到"。

职业技能不是用头脑而是用身体掌握

身体缺席的技巧、技能是不存在的

读到这里,可能有人会想,"可是,骑自行车、游泳等是身体技能,商务活动中的必要技巧或技能,几乎都是只用脑子。这跟身体没关系吧?"

的确,抛开体育运动、艺术表演、手工艺人的技艺不谈,现在的工作多是以思考、企划、交流等为主,确实有"身体记忆"要素很少之感。

但这只是人们的误解。

实际上,任何技巧、技能的掌握都离不开"身体记忆"。

原因在于,如要掌握技巧或技能就必须提高"事物认识能力"。何谓"事物认识能力"呢?

比如,复印机厂的两位业务负责人跟潜在客户闲聊。一位业绩优秀,即所谓"能力型业务员"。另一位业绩难有提升,即所谓"令人遗憾的业务员"。

闲聊中,潜在客户说:"最近,关于工作方式的话题,社会上聊得很热闹。可我们公司,加班是一点儿不减啊……"

听到这话,能力型业务员心想:"真希望能提高工作效率啊。既如此,那就建议客户购买输出及扫描速度最快的机型。这能不能解决客户的烦恼呢?"

而令人遗憾的业务员则是这样想:"心有戚戚啊。我也是天天加班。真是烦透啦……"

你应该已经明白,**两个人听到的是同样的话,但怎么听是不一样的。**能力型业务员听取(感知)到了客户的需求,但令人遗憾的业务员没有。这就是"事物认识能力"的差别。

当然,能力型业务员能够用语言告诉令人遗憾的业务员,听人说话时都有什么要点:"客户说话,要时刻听仔细,从中找到需求。"

就算令人遗憾的业务员听过这句话，也无法突然提高业绩。

在语言（知识）落脚于方法记忆之前，即便想去实践也会受困于语言，动弹不得。要么无法采取行动，要么意识被语言占据，注意力不集中，等等。

不知你是否有过这样的经历：接受了周围人的各类建议之后，反而一片混乱，磕磕绊绊起来？

特别是学高尔夫时，会遇到很多"魔鬼教练"，可能很多人都会为之苦恼不已。

业务技能也一样，跟潜在客户交谈时，满脑子都是"一定要找到需求，一定要找到需求……"东想西想，注意力不集中，结果错失了潜在客户微妙的需求信号。

再重复一遍，方法记忆是身体记忆，无法全用语言来表达。

有意识地实践知识，不断积累实践经验，直到能在无意识中听取到、感知到客户的需求，即能认识到需求之后才会出成果。**所以，用身体记忆知识，让它落脚于"方法记忆"不可或缺。**

不管是什么技巧与技能，能力型、娴熟型的人，都能在

非常短的时间内高效记忆其使用场景、状况中的重要信息。

大家都知道,象棋或国际象棋名人能够迅速记住棋谱,足球或篮球等名将也能迅速记住双方球员的赛场站位与布阵。

这不是所谓的"记忆力"超群,而是借由身体记忆,对自身所处状况的认识能力超群。

这一点在商务世界中是一样的。

认知科学专家、庆应义塾大学环境信息系今井教授写过一本《何谓学习》(岩波书店出版),里面有这样的话:

"娴熟型的人,其超群记忆力的本质不在'原封不动记忆临场信息的能力',而在因其所拥有的知识而能认识状况的'认识能力'。"

"认识能力也是'识别能力'。"

"娴熟的人有洞悉能力,深知一般人看不到的模式间的不同。"

这就像人们常说的"专业眼光",这个词或许会让你明白,**能力型的人与令人遗憾的人之间,存在着"如何去看、去听、去感觉"的不同。**

可以说,这才是技巧与技能的本质。

如何快速、切实地落脚于方法记忆

可能你已经明白,要将学到的技巧或技能应用于工作,只有"知识记忆"和"经验记忆"是不够的,重点在于落脚于"方法记忆"。

那怎样才能落脚呢?有没有这方面的技巧与技能?

方法只有一个——大量实践。

可能很多人会失望:"什么?就没有更轻松的办法吗?"

没有。要让知识落脚于方法记忆,这就是绝对条件。

但也不是说没头没脑一味实践就行了。若只是单纯地反复行动,就有止步于一味增加"经验记忆"的危险。

所谓"方法记忆",是"以进展顺利为目的的身体使用方法",是用身体记住使用时的状态。

且其重点在于回顾。**回顾自身行动"是否顺利",即是否有助于提高成果,并直面这一行动及其结果。**

继而就是从中学习。如果做完就算了,那是无法落脚于"方法记忆"的。

也就是说,要多积累经验,并回顾经验,从中学习。只要不断重复这一步骤,突然意识到"啊!原来如此!"的那

个瞬间就会到来。

而这个瞬间,就是无法用语言表达的"经验记忆"或"方法记忆"在你体内落脚的那个瞬间。

技巧或技能沉淀为为你所用的商务技能,就是有效利用**这种无法用语言表达的"身体学习能力"**的结果。

"隐性知识"的真正意思是"'隐''知'能力"

这种无法用语言表达的"身体学习能力"就叫"隐性知识"。

概念的提出者是科学哲学家迈克尔·波拉尼,商务书籍中经常使用该词,可能也有人知道。

只是,"隐性知识"多被解释为无法用语言表达的知识,若以三大记忆而言,就是"方法记忆",且在实际使用中也经常采用这一解释。但它的本意并非如此。

"隐性知识"不是"隐性"的"知识",而是"隐性"地"知道"。也就是说,这是一种着眼于"身体学习能力"的思考方式。

东京大学大学院信息学环系西垣通教授在其著作《何谓集体智慧——网络时代的"智慧"走向》(中央公论新社出版)

中,谈及波拉尼想强调什么时,这样写道:

"他想强调的,是能动地综合自身身体性体验的'隐性力量',而非其他。他认为,孕育知识的原动力就在这里。"

要想具备真正为你所用的商务技巧与技能,并充分发挥到工作中,那就必须落脚于"方法记忆"。因此,发挥身体的"隐性力量"非常重要。

具体而言,**就是仔细去看、去听、去感受你所致力的对象,以及你的行动所带来的结果与影响。**

也就是说,要用身体学习,尽量提供大量的活信息(通过实践切身体验),这会最大限度发挥身体的"隐性力量",让所学落脚于方法记忆。

不要做一味训练逻辑思维的傻瓜!

无论你对技巧、技能的实践如何彻底,且就算已落脚于"方法记忆",只要不在实际商务活动中有效利用,就不会成为真正可用的技巧与技能。

日本MBA教育先驱,在Globis Manegement School(经

商管学院)从事教员教育工作的山口周先生曾在其著作《睡待天职》(光文社)中写道:

"最近,有的学生只热衷于逻辑思维、批判思维、费米问题等操作性技能,疯狂训练,真令人惊诧莫名。与其说他们对商业感兴趣,不如说是对以商业为题材的解谜感兴趣。真希望这些家伙认识到,再怎么训练,也无法靠这类能力在商业活动中取得'带有其人特色的成果'。"

可能有人会想:"这话说的就是我啊……"

正如山口先生批评的,如果为逻辑思维而逻辑思维,为训练而训练,并深陷其中无法自拔,那就无异于"解谜"了。

如果不在真实的工作现场实际使用,那么将逻辑思维作为方法记忆,再熟练也积累不了商务技能的经验。这就真是抱着金饭碗挨饿了。

这就像是在电脑游戏的世界获得了商业性成功,但在真实的商务活动中未必能成功。

在实际工作现场,商务活动会涉及各类要素,相互牵连。在这些要素中,也包括逻辑思维应对不了的想法、动机或感情,但有时会成为原动力,推动商务活动前行。

在这种情况下,"什么场景中才能有效利用逻辑思维呢"?

这是无论你听多少课、进行多少次训练都搞不清的。

如果不是无惧无畏，果断跳入现实世界，那么再努力也有可能成为"令人遗憾"的那一个。

深化学习的框架结构

"学习四阶段"与"三大记忆"

在显示学习步骤与阶段的框架结构中,有一个"学习四阶段"说。

①不知道做不到(无意识无能力)阶段

②知道做不到(有意识无能力)阶段

③意识到就能做到(有意识发挥能力)阶段

④无须意识就能做到(无意识发挥能力)阶段

该框架的采用，始于偏重知识的学习法达到极限，注重经验的"经验学习"不断增多。

下面就结合这一框架，整理一下前文提到的"三大记忆"。

第一阶段是"①不知道做不到"。

其中，有不知有此知识之义，**也可以说，虽然知道某一知识，但因没有实践，所以"不知道自己做不到"**。也可以说，是误以为"知道＝能做到"。

这是一种什么状态呢？比如看到骑自行车的人，"感觉很简单嘛。自己马上就能学会。"

也就是说，这一阶段虽有"知识记忆"，但没有"经验记忆"和"方法记忆"。

第二阶段是"②知道做不到"。**意思是，实际一做才知道"做不到"**。也可以说，这一阶段除"知识记忆"外，"经验记忆"也稍有积累。

顺便提一句，懂得"知道做到"的人，就能在获得知识的那一刻，跳过阶段①而直接进入阶段②。

分水岭:如何面对"做不到"

实际上,能否掌握并运用所学的分水岭就在第二阶段,"如何接受做不到的事实"。

"做不到"会令人不快,所以多数情况下,人们都"不愿意承认自己做不到"。

这样的人就会去挑技巧本身的毛病,"这种技巧中看不中用",扔下这话便拂袖而去,继续寻找新的技巧,再次又回到第一阶段:"①不知道做不到"。

但接受做不到的事实并稳稳站住,"希望自己能做到"的人,就能在挑战与失败的反复中不断积累"经验记忆",慢慢落脚于"方法记忆"。

这就能进入下一个阶段了,即"③意识到就能做到"。

在这一阶段,因亲身体验过"做得到",慢慢就能清晰、明确地认识到,什么时候做得到,什么时候做不到。

"经验记忆"的不断积累会转化为语言无法表达的"方法记忆",也可以说,这是找到新语言、增加"新知识"的阶段。

第6章 记忆最佳化及提高"工作能力"的方法

但这一阶段还不是以身体记忆,所以会在"③意识到就能做到"与"②知道做不到"之间不断往复。

只要不向这一状态屈服,不断地通过实践将新知识转化为经验,不断积累"经验记忆",那么,身体的"隐性力量"就会推动你往前一步,落脚于"方法记忆"。

做到了,就会成为"理所当然"

如此反复实践和积累,就会抵达"④无须意识就能做到"。到了这一阶段,尽管你只是做了理所当然的事,但事物进展非常顺利。

原因在于,技巧或技能已完全落脚于"方法记忆",进入身体记忆状态,技巧、技能已经与你合而为一,转化成了你的"认识能力"和"识别能力",你自己已经很难意识到了。

比如前文提到的铃木一郎所说的一句话:"我能感知到湿球与干球重量的不同。"

他那人称"激光束"、又稳又准又狠的送球,就是来自这种达及细微处的"认识能力"吧。

要有稳定表现,历经锻炼的肩部力量自不必说,还要迅速、准确地认识与识别瞬息万变的对象及状况。

再比如人称"橄榄球先生"的已故选手平尾诚二先生,他曾说过这样一句话:"传球准确固然重要,但什么时候传、传给谁、怎么传,更重要。"

除旨在传球准确性的竞技之外,比赛现场所需要的,就是迅速、准确把握状况并做出判断的"认识能力"和"识别能力"。而要练就这一能力,除在实战中反复体验成败之外,别无他途。

商务活动也完全一样。

要将学到的技巧升华为实用商务技能,必由之路,就是意识到"学习四阶段"的存在,管理你的"三大记忆"。

有效利用"未来记忆",打造领导能力

领导要栩栩如生地描绘清晰的未来

可能很多读者在某一组织中担任领导职务。规模虽有大小,但只要是领导,就要求你具备"领导能力"。

很多领导都在烦恼,"团队不跟自己走""团队调动不了"。

于是,就不自觉地去寻找"领导"技巧,如"沟通术""如何说话令人敬仰"等等,但这些都是雕虫小技。**要发挥领导力、调动部下,真正需要的不是这些,而是"愿景"。**

如果你目标不明确，无论你用什么方式表达，无论怎样加强团队沟通，都还是无处可去。

实际上，这类问题同样可以利用记忆有效解决。因为，愿望也是"记忆"。

所有富有个人魅力、有能力调动团队的领导，都拥有"强烈的未来愿望"，且坚信不疑。比如，"我们这支团队，一定会〇〇"。

也就是说，面对未来，他们拥有强烈的记忆（未来记忆）。

所谓未来，就是"尚未到来"。所以，要让未来扎根于记忆就需要强大的想象力。如果没有，就会为眼前的工作"忙"得团团转，或只是遇到了很小的麻烦，愿景就左摇右晃了。

领导如此，就没有个人魅力，也无法调动团队了。如要避免，就必须强化未来记忆。

未来，在某种意义上是虚幻的。所以，要强化这一记忆就要提高想象力，这就需要你充分调动"五感"，尽量细致、生动地描绘出"未来"到来的那一刻：听到了什么声音，看到了什么景色，身体有什么动作，甚至是心脏的跳动，等等。

一旦你做到了，"感情（感动）"就会在你内心涌动。

实际上，感情（感动）是领导描绘愿景时最为重要的要素。

没有激起感情（感动）的愿望，本来也不是愿望。

一个富有魅力、有能力调动团队的领导在脑海中浮现出愿望时，不是一幅记在心里的"静止画"，**而是如身临其境一般，伴随着强烈感情（感动）的体验式记忆。也就是说，他们的愿景是作为已经实现，或是正在体验的"经验记忆"扎根的。**

大脑对经验的判断标准是：感情越强烈就越重要，就越想留在记忆里。所以，要作为经验记忆扎根，就要以感情为最大武器！对记忆而言，"感情"的重要性仅次于"重复"。

强化未来记忆的最好武器"冲击力 × 反复"

你也一样，记忆深刻的——每天都在重复记忆的除外——不也是深受感动、惊异不已或是极度悲伤的事吗？总之，就是感情变化剧烈的事件、情节、人、物或场所等等。

一般认为，强化记忆的有效方法就是"冲击力 × 反复"。所谓"冲击力"，是指感情变化的剧烈程度。只要感情发生剧烈变化，记忆就会扎根。

未来记忆同样如此。要让它扎根，就要让感情剧烈变化。

但是，"对尚未发生的事动感情，还是大动感情，办得到吗？"

办得到！我称之为"感动化"。

以"感动化"大动感情有三个要点：

第一个是"行动"，第二个是"放大"，第三个是"放松"。

感动（emotion）始于行动（motion）

要让感情产生剧烈变化，第一个要点就是"行动"，即身体动作。

请你先举出几个表达感情的词语。

"深受震撼""极度兴奋""撕心裂肺""心跳加剧""怒不可遏""肝肠寸断"……。

日语中，很多感情词语都是用身体部位的动作来表示的。

而英语中，指代"感动"的"emotion"与指代"行动"的"motion"，也只有一字（母）之差。就像"Motion creates Emotion"所揭示的，感情与身体动作不可分割。

所以，要动感情，动身体会非常有效。实际上，身体动了，也就容易动感情了。

比如，你可以这样想象一下，向着自己描绘的愿景，由你亲自统筹的项目完成了！或你带领的团队不负使命，完成了任务！这时，你就摆出一个极为振奋的姿势，并做一下这样的动作：与竭尽全力实现目标的部下握手，或是拍一下他们的肩膀。

这样，当时会感觉到的感动、喜悦等强烈感情就会在你心里涌动。

只要每天重复去做，你的未来记忆就会慢慢扎根。

放大（amply）五感与感情

让感情剧烈变化的第二个要点是"放大"，即进一步加强因"行动"而强化的"感情"。

假设你提出了这样的愿景："要用我们的商品与服务，让一度失去自信、放弃梦想的人们重新振作,积极投身生活！"

要让它作为未来记忆扎根，就要先通过第一步——"行

动",在身体动作中体验愿景实现的情景,及随之涌现的感情。

第二步就是"放大",即进一步想象细节,不断强化感情。

比如,当时除了你,还有谁在场呢?在场的每一个人,包括已然积极面对生活的客户,都是什么样的表情呢?

还可以更为细致地想象一下当时听到的声音。

你听到了谁的声音?说了什么话?为了看得或听得更为仔细,你也可以走过去。

这样,你在脑海中描绘的情景就会更为详尽。

一旦你在想象中看到的情景、听到的声音更为细致,想象得以放大,你的身体动作就会更大,也更有力,你对自身身体反应的感受也就更加明确。

于是,你就能更加强烈地从身体深处感受到当时涌动的感情了。

重在放松,身心舒展,保持大脑的柔软与灵活

让感情剧烈变化的第三个要点,**就是保持放松状态。**

如前所述,感情与身体动作有关联性,如果身体处于紧

张状态,周身僵硬,感情也就动不了了。人一紧张,表情也会僵硬,连笑容都绽不开。

所以,要推进感动化,重点就是时刻保持身体的放松,即易动感情的状态。

此外,既然要推进感动化,工作中就不宜压抑感情。

有的公司以工作中不外露感情为好,若一直如此,无意识中身体就会僵硬。

如果你置身于这样的环境,那就建议你"扩胸"。所谓扩胸,就像深呼吸时一样,肘部往后撑,胸往前挺。胸腔里有我们的心脏(应称之为生命中心),一旦人紧张,就会下意识地保护胸部,架起胳膊,或是肩部僵硬。

打开胸部,打开肩,紧张就会化解,就能让自己处于放松状态。

反复去做,感受就会逐渐强烈,未来记忆就更容易扎根。

请你务必一试。

调动你的感情去描绘自己的未来愿景,像真实体验过一样去记忆,你就能具备引领周围人前行,无论遇到什么困难都不会动摇的领导力。

跟所有人交往!"潜在记忆"控制术

建立人际关系的关键:"价值观"

对你的工作来说,与周围人建立起良好的人际关系非常重要。

关键在于理解并接受"对方的价值观"。价值观对人际关系的影响大到什么程度呢?比如,"价值观不一致"就常会成为离婚的原因。

商务世界中也是一样的。

以业务现场为例,重点就在于把握潜在客户的价值观,即对方重视的是什么,并据此提出采购建议。

不只是做业务,商务活动中的各种交涉莫不如此。关键在于理解彼此的价值观,并寻找双方的一致点。

公司内部也一样,为顺利推进工作,调动部下或后辈,或争取其他部门合作等等,都需要分享、尊重并接受彼此的价值观。

但"价值观"三言两语是说不清的,不但难于理解,且每一个人都不一样,接受起来非常困难。

管理"价值观 = 潜在记忆"!

说到底,要理解、接受"价值观",不可缺少的还是"记忆"。但这里的"记忆"不是"记住"新事物的记忆力,而是不让既有记忆翻云覆雨的"记忆管理能力"的记忆力。

包括你自己在内,"价值观"就是迄今所累积的"记忆的集合"。

天生的好恶或倾向、从小到大的各类经历都会影响到价值观的形成，但因之与自身的一体化之强，自己又很难觉察到。它"实在太寻常了，根本意识不到"，或许这样说会更易于理解。

价值观已然化为你的"潜在记忆"，会在无意识中，对你的认识、思考及行动产生重大影响。

"价值观"会大幅撼动你的感情。

遇到了价值观相符的人，说话、共事就会生出正面情绪，会成为工作中的巨大动力。相反，若跟价值观不相符的人说话、共事，那你直面更多的场面，就是自身价值观的不被尊重，就会涌起"愤怒"等强烈的负面情绪。一旦情绪化，就会让人失去冷静，所谓理解、接受对方的价值观，也就办不到了。

那该怎么办呢？

首先，要观察自身记忆动向。

借由"潜在记忆"反应了解自身价值观

举个例子，假设我对你说了这样的话：

"我一直是SMAP的铁杆粉丝。"

听到这话，你会是什么心情呢？

恐怕，你的脑海里会生出某种意见吧。

不会吧？因为没兴趣，什么反应都没有？

那好，下面这句呢？

"我很讨厌小猫小狗等动物。"

怎么样？

"居然讨厌猫？真是难以置信！多可爱啊！"

"明白明白。我也是，自从被狗咬过就怕得不行，不敢靠近……"

应该很多人会这样想吧。而这类反应的源头就是你的记忆。

如前所述，你的记忆无时不在做出反应。比如，你在读这本书的时候，你的记忆也在做出反应，想起各种事情。其中，可能也有想起来过，但你并未意识到的记忆。而这未曾意识到的记忆，就是"潜在记忆"。

只要你能觉察到这类记忆，就能了解自己的价值观。

情绪化，正是了解价值观的时机！

特别是，当你涌起强烈感情时，就是你的记忆做出激烈反应的时候,也就是你的价值观强烈外显的时候。

毫无疑问,你义愤填膺的时刻,就是你的价值观外显的信号。

比如,"为什么那家伙满脑子都是销售业绩,而完全无视客户?!"如果你曾这样愤怒过,你的工作价值观,你对事物的判断标准,就是"为让客户开心而工作"。

话虽如此,但激愤时,即感情剧烈波动时,冷静回顾自我记忆反应所需要的从容已经丧失殆尽,所以是很难觉察到自身价值观的。

即便是这种时候,也能觉察到自己的价值观,进而理解并接受对方价值观的那把钥匙,就是"框架"思维。

"框架"就是框,就是镜框。

比如,同一幅画,装入不同的镜框,印象就完全不同。现在有些应用或软件,可以随心所欲地把智能手机或数码相机拍下来的照片"装"入各种饰框,联想到这个,就很容易理解框架的效果了。

也就是说,可以将我们的"价值观"比作这样一个"框"。

同样一幅画,画框不同,印象或赋予它的意义就会不同。

还可以想象一下眼镜的"镜框"。实际上,包括自己在内,所有人都戴着某种有色眼镜。包括工作在内，生活中，我们一直是用价值观这个镜框去看世界，去与人交流的。

所以，就算你陷入了情绪化，也要意识到自己戴着一个镜框，这样就能慢慢意识到自己的价值观了。

这一点，同样适用于对方的价值观。有意识地这样看待自己与对方的记忆，看它到底嵌在什么样的镜框里，对了解价值观来说非常重要。

从对方"回应"中了解其价值观

慢慢地，当你认识到你的"潜在记忆＝价值观"，并以此为基础，客观地视之为镜框，慢慢地，你就不再被自身感情裹挟，而能将意识放到对方身上了。也就是说，当价值观不同的人出现时，即便你的感情剧烈波动，也能冷静、客观地去观察对方了。

这样一来，你就能把握到从未留意过的、对方的各种反应。是"反应"，而不是语言意义上对方做出的"回答"。对方和你一样，以价值观为代表的潜在记忆会不自觉地做出反应。

也就是说，你能够把握这一反应了。

喜悦、开心等正面情感就不用说了，愤怒、悲伤等负面情感，也是你了解对方价值观的有价值的信号。

"这个人……持什么样的价值观呢？他所珍视的又是什么？他带在身上的，又是一个什么样的镜框？"

带着这样的想法和问题听对方说话，就能慢慢理解他的价值观了。

价值观不要立即评价与判断，而是要倾听

举个例子。假设你的办公室布局调整，在紧随其后的会议上，同事说了这样的话：

"借调整布局的机会，桌椅也全都换成新的吧。"

听到这话，你会是什么反应呢？

作为潜在记忆，你的价值观会被唤醒，所以，你应该会有某种反应。

比如，"这个想法好！难得办公室布局调整，干脆就焕然一新！大家也一定会更有干劲！"

也可能会是这样的反应,"这不成。光是布局调整,花了多少你知道吗?什么再买新桌子、新椅子……这人力、成本的事真是想都不想啊。"

首先会在你意识中出现的,就是"好""坏"反应,双方再怎么碰撞,讨论也很难深入。

所以,遇到这种情况就不要去评判提议的"好""坏",而是去探求提议人的价值观,他认为"好",是基于什么样的价值观?评论提议的人呢?他认为"好"或是"坏",又是基于什么样的价值观?

这时候,要是只去问"为什么这么想",对方的价值观可能就不会坦率外现,因为价值观是潜在记忆,对方基本不会明确意识到。

还有,一问"为什么",对方会下意识做出防卫性反应,开始找借口。

所以要这样问:**"这又能怎么样呢?"**

这样,较之问"为什么",对方的回答会更正面、更积极,也易于做出坦率反应。只要你这样问一下就会明白,就算对方的价值观不会马上出现,在这一提问的反复中,最终也会像浮雕一样立体化起来。

比如刚才"换新桌椅"的例子。如果你这样问提议的同事，或许就会得到这样的回答，"电脑操作更方便""插座、网线就没那么乱了"，等等。

如果感觉这回答不充分，那就接着问同样的问题。如此，可能就会得到这样的回答，"不容易疲劳"啦，"整个办公室氛围更清爽"啦，等等。这样，你就能逐渐摸到他的价值观，他很重视"员工精力旺盛"，或是"简约之美"，等等。

就像这样，**不要停留在"换新桌椅"的层次，而是不断探求其深层价值观，你就会生出从容，理解对方。**

这样就不会陷入情绪化讨论，而是以前所未有的冷静进行建设性对话。

当然，即便理解了双方价值观也仍会发生冲突，但这已不是表面性的、行为层次的冲突，其起因，是要理解对方所珍视的价值观，所以会更易于建立信任。

并且，以双方价值观为基轴展开思考，就能增加解决问题、判断事物的选项。一旦选项增加，即便是原以为"没有交涉余地"的，也能看到合作的可能了。

"全球化"同样始于记忆管理

"全球化"这个词很久之前就出现了。日本人口正在不断减少,所以,越来越需要与其他国家开展交流与合作,以实现商业性成长。

为在全球舞台上大显身手,人们经常会提到英语等外语学习的重要性,**实际上,最为重要的是如何接受多样化的价值观,即所谓"台场城"**(位于东京湾畔,东京都内最受各国游客欢迎的景点之一。——译者注)。

活跃于全球舞台的人,跟价值观不同的人相处时不会事无巨细地情绪化,不会被自己的记忆裹挟和绑架。若非如此,就无法与拥有多样化价值观的外国人交流了。

当然,理解与接纳不同价值观,也有很多人是在情绪化争执的反复中学会的。

为了让这一过程更为轻松,免遭无谓的挫折,就需要一直在介绍的记忆管理法了。

"框架认知能力"的训练方法

记忆"读取信息之眼"比记忆信息重要

为提高认识"价值观＝框架"的能力，读书非常有效。

为什么呢？与活生生的人交流时，即便你想去认识对方的"框架"，在习惯之前也还是会受困于感情而难以留意到。

但读书不同。就算你情绪化了，比起活生生的人，你能够客观看待，也就能轻松认识到表面化了的价值观。

具体又该怎么做呢？

读书时，不要把意识放在信息上，而要放在其深层"框架"上。

约在30年前，经济学家内田义彦先生出版了一本《读书与社会科学》(岩波书店)，介绍读书的两个视角时，他用了"读取信息之眼"这个词。

该书出版时，正值社会富裕、商品饱和、"信息爆炸"。"信息化社会"一词出现，人们开始叫喊信息的价值与重要性。而"读取信息之眼"就是要提醒人们，置身这样的时代，不要让每天大量交汇、瞬息万变的"信息"夺走自己的意识。"信息"，重在如何把握。

这里的"读取信息之眼"也与价值观相近，相当于"框架"。

并且，像麦肯锡、波士顿咨询等咨询公司所提出的"框架结构"概念，可以说也是其一。这一概念是作为公司分析、确立战略方案的工具普及开来的。今天，这一概念的使用已经相当普遍了。比如3C（Company/Customer/Competitor）框架。意思是考虑经营活动时，"自己公司"、"客户"与"竞争"这三个视角缺之不可。

并且，框架与读取信息之眼的重要性，不仅在于接受自身及他人的多样化价值观，作为知识来说也同样重要。为什么呢？当今时代，信息本身马上就能通过网络搜索查到，所以"读取信息之眼"的重要程度远在信息本身之上。也就是说，重要的是你如何看待事物，进而如何看待世界。

如果只是单纯记忆"信息"，那能享受到的好处就只是知识多一些，或是有人称赞你："哦！这种事你很了解啊！"

记忆"读取信息之眼"会让你迅速认识事物或自身处境，并把握其本质。

较之"信息"，"读取信息之眼"抽象度更高，使用也更加随心所欲。

读作者比读书重要

那在实际读书时，怎样才能得到"读取信息之眼"而非"信息"呢？

这就是，阅读"作者"，而不是"书"。即站在作者的立场阅读。

作者以什么视角看待本书主题？阅读从这一视点出发，就能抓住并记忆"读取信息之眼"。

而明确显示作者"读取信息之眼"的，就是目录。

你可以扫一眼目录中各章的标题，它们明示了作者看取主题的切入点。

可以说，**作者心里的框架结构，很自然地呈现在了各章的标题中。**

在认识到这一点的基础上读下去，你的注意力就能放到内容深处的、作者的"读取信息之眼"上，而不只是以文章为载体的信息与技巧上。

作者是如何看世界的

此外，作者的"读取信息之眼"还会以作者意见的形式作为直接"信息"出现。对此，你时有共鸣，大呼："对对！果如此言！"有时或会心生排斥："咦，这不对吧！"而这就是你的价值观和"读取信息之眼"化为潜在记忆所做出的反应。

在这种情况下，同样**不要立即做出对与错的判断。**

因为，共鸣与排斥都是你记忆中"读取信息之眼"的外现，是你认识它们的大好时机。

比如，我们经常听到这样一句话："读书就是读自己。"

为什么这么说呢？因为你的记忆会借由书做出各种反应，你所读到的，就是你平时意识不到的潜在记忆，即你的价值观。

首先，作者及你自己的"读取信息之眼"会通过共鸣或排斥不断浮现，而你的视野，也会在此前并未意识到的"读取信息之眼"的记忆中不断扩大。

换一副眼镜，认识改变，世界就会改变

可以说，"读取信息之眼"就像可以换戴的"眼镜"。

当然，"眼镜"本身没有好坏。但戴上不同的眼镜，你所看到的世界的颜色或清晰度，有可能截然不同。

可能你也听到过这句话："危机就是机遇！"

对于某种处境，视之为危机，还是机遇？！仅此一点，你的心情、感情、思考与行动就极为不同。当然，你所看到的状况时刻在变化。更重要的是，你的行动本身也是这一状况的要素之一，并对这一状况产生影响。而你所经历的世界，

就会因视之为危机还是机遇而大不相同。

"读取信息之眼"既是你的既有记忆,也能更新你的记忆。

你的大脑里都有哪些"读取信息之眼"?现在用的是哪一只?没用的又是哪一只?现在,又换成了哪一只?

你的工作、人生,会因"读取信息之眼"这一潜在记忆的管理而发生重大变化。

活用对方记忆,提高"表达技能"

所谓"表达",就是"留在对方的记忆中"

至此,我们介绍了管理并有效利用记忆、提高各类商务技能的方法。

最后,介绍一下如何有效利用这些理论与方法,将自己要表达的传达给对方,并留在对方的记忆里。这一部分,如能当作温习来读就再好不过了。

"传达",无疑是我们日常工作的核心行为。向客户"传达"商品或服务价值就不用说了,即便是团队、组织内部,也有必要"传达"各类信息。

商贸谈判、交涉、会议、工作简报、碰头会、邮件……所有这一切,均可称之为"传达"行为。

说是"传达",但也不是单方面把自己想说的告诉对方就行了。好不容易传达了,可对方左耳进右耳出,这就难办了。你所传达的信息要留在对方的脑子(记忆)里,这才是终点。

那怎么做,才能有效、切实地"传达"给对方呢?

表达＝留存于对方记忆。

这样一想你就能明白,前面介绍的记忆活用法之实用性何在了。

前面一直在探讨如何"留在自己的记忆里",在这里,只要把"自己"换为"对方"就可以了。

比如本书几次提到的"姓名记忆法"。只要有效利用,就能让自己的姓名留在对方的记忆里。

像你一样,第一次见到你的人,很有可能一回头就忘了你姓什么、叫什么。当然,如果他知道本书介绍的记忆活用法,那就另当别论,但你不能指望所有人都知道。

不必沮丧，只要你的表达方式能让自己的姓名留在对方记忆里就行了。

你的姓名和话，对方记住了吗

第3章介绍过几种记忆方法，如有意重复对方姓名，将信息转化为形象并赋予其意义，等等。现在同样去做就可以了，只不过不是为了让自己，而是为了让对方记住。

也就是说，特意向对方重复自己的姓名，或是以自己的姓名作喻，形象化地告诉对方。

比如，笔者姓"宇都出"，介绍自己时我都会这样说，"小时候参加棒球比赛，大家给我加油时会喊'这击球员击球厉害噢！'（"宇都出"与"击球厉害噢"的日语发言都是"UTSHDE"。——译者注）……"并且是边做挥球棒的动作边说。

这样，对方就容易记住了。

不仅限于姓名，你想说什么，或想用邮件、文章表达什么时就问自己："怎么样就能留在对方记忆里呢？"并将"留在自己记忆里"的方法用于"留在对方记忆里"。

这样,你的"表达技能"就一定会不断提高。

下面整理一下要点。

"留在对方记忆中"的要点

①重复

"重复",可以称之为记忆的"万有引力定律"。因为,大脑认为某一事物"很重要"的判断标准,就是多次重复回忆。

如果你想把什么留在记忆里,那就"不是重复一、二、三、四次,而要重复五次"。

在现实中,很多经营者重复几次就叹气了:"自己的想法,就是到不了员工的脑子里。"很多业务员也发牢骚:"详详细细地跟客户说明过一次,可他根本就记不住嘛……"

换位思考一下就非常理解了,如果你是被表达方,你也会说:"就听了几次,不可能记住嘛。"

可位置一换,当自己向别人重复几次、几十次之后,不

知不觉就会误判了。

要想留在对方的记忆里，那就不是重复几次，而是几十次，是有机会就要重复。

实际上，也有熟知重复功效、全面、有效加以利用的人。这就是以电视广告为代表的广告制作人，再就是独裁者。

他们会不管三七二十一，反反复复地向大众传播语句简短的信息或宣传，将自己想表达的事物留存于大众的记忆中。

为什么他们会做到这种程度，不断重复表达，好留在表达对象的记忆里呢？

当然是希望大众能记住商品名称或政策。若进一步追究原因，**那就是，人都有这样的倾向，即对记忆深刻、熟知之事信以为真。**

也就是说，会将见惯、听惯之事与事实混为一谈。并且，实验结果表明，只是熟悉了部分信息，比如富有冲击力的宣传短句，会对整体信息都产生熟悉感，并信以为真。

用来骗人虽然荒谬，但要把想表达的事物留存于对方记忆中，"重复"的确会发挥莫大的功效。

②减轻对方"工作存储器"负担

第二个要点就是"工作存储器"。

第 4 章中介绍过,因为大脑记事本——工作存储器容量极小,设法减轻其负担非常重要。

不用说,对方工作存储器的容量同样很小。所以,如果想让对方记住什么,关键是要意识到对方工作存储器的状态,不要为它制造负担而导致死机。

因此,首先要减少信息量,即整理之后再表达。再就是有意识地用层级结构表达,这样效果会非常好。

比如咨询顾问或讲师,他们在展开内容之前往往会事先提示,"〇〇的要点有三个",等等。

这也是在设法减轻对方的工作存储器负担,让自己的话更容易留在对方的记忆里。

听话方一开始就被告知"有三个要点",那就能事先想象出三根支柱,就不会被信息量压倒,得以全面调动工作存储器。

并且,**尽量减少要点也非常重要。最为理想的是压缩到三个左右**。虽然人们会不自觉地贪得无厌:"要点有十个!"

可对方听了会溢出工作存储器,结果还是接收不到。

顺便说一下,正在说明的"留在对方记忆中的要点"共有四个。你的记忆存储器是否从容依旧呢?

话虽如此,但无论你如何压缩,如何层级式表达,有时候,对方的工作存储器都会因话的内容而满负荷运转。这时候,如果你为了让对方理解而进一步说明,就会进一步加重其工作存储器的负担。

怎么办呢?在这种情况下,较之详细说明,更重要的是粗略地回顾一下前面的说明,或是让对方谈一下前面的内容哪些理解了,哪些没理解,等等。这样,对方的工作存储器负担就会减轻,轻松记忆。

③结合对方记忆

第 4 章中说过,记忆与理解的原理都是"关联"。新信息会在与已知信息的关联中得以记忆,或是加深理解。

让自己欲表达的事物留在对方记忆中的第三个要点,就是直接活用这一原理。

具体做法是,以对方熟知的事物为例,或是与之关联到

一起去表达。

比如"工作存储器",如果比喻为对方已知事物,那他就能轻松记忆,"哦,是这么回事啊。"比如,"所谓工作存储器,如果比作电脑,那它就是 RAM(内存条。——译者注)。"或者说,"工作存储器也被比作大脑记事本。"等等。

也可以说,这是不给工作存储器制造负担的一个办法。

此外,还有第 5 章介绍过的"重复法"——"精致化彩排"。即记忆人的姓名时,特意加上公司名称等会更容易记住的方法。

要实际运用,**一个有效做法就是找到自己与对方的共同点,加入将双方链接到一起的信息。**

比如你可以问:"您是哪里人?噢。是神户啊。我是京都人。都在关西啊。"如此一来,对方的记忆就会与你关联到一起,也就容易留在其记忆里了。

只是,这需要很好地了解对方,对他的既有记忆有所把握。所以,**想让对方记住自己的话,认真听对方说的话也是要点所在。**

如果上司有事想告诉部下,即想留在部下的记忆里,只要先问一下部下知道什么、在想什么,了解之后再将自己想说的与之联系到一起就可以了。

信息，绝对是无法单方面传达的。从结果来看，日常性地双向交流对传达方也有益。

④落脚于经验记忆、方法记忆

"传达"（或"表达"），只有两个字，但其内容并不只是单纯的信息或知识，有时还包括自己的技能，等等。

比如，你想让对方掌握某种技能时，这时的要点就是本章介绍的"三大记忆"（知识记忆、经验记忆、方法记忆）了。

为将某种技巧、技能传授给对方，真正为对方所用，仅将能用语言表达的知识留在对方记忆里是不够的，还需要对方去积累无法用语言表达的经验记忆，进而扎根于方法记忆。

怎么办呢？传授方最先要做的，应该是实际做给被传授方看。

不知你是否知道"镜像神经元"这个词？这个词所蕴含的意思是："某个个体只是看到对方执行某一行为，自己执行这一行为时所用的神经细胞也会处于活跃状态"。

实际上，即便被传授方不实际行动，只是看传授方示范，也会如同自己行动一样，将这一经验记入脑细胞。

当然，最重要的还是要让被传授方实践，亲身积累经验。**所以下一步，就是让对方实际去做。**

传授方在这一阶段能给予的帮助，首先就是将能用语言传授的部分言简意赅地、明确地传授给对方。这时能发挥作用的，就是之前介绍的三个要点："重复""减轻对方工作存储器负担"以及"与对方记忆相结合"。

只要对方实际去做，失败就无法避免。所以，他们往往很难下定决心采取行动，要么就是行动之后遭遇挫折。

要让他们采取行动，就要表示以你会一直从旁帮助的态度，充当对方的"安全基地"。

"安全基地"是儿童心理学用语，即"对某人而言很安全的某个地方"。一般认为，只要有一个稳固的"安全基地"，要跳出来挑战什么就容易了。

举个例子。如果你是上司，那就要创造有利于部下挑战的环境：容许失败，善于倾听，等等。

做到了这一点，被传授方就能逐渐积累起经验记忆。

最后一步，就是让被传授方将自身积累的经验记忆扎根于方法记忆，即"用身体记忆"。

为此，**就要促使其在实践之后予以回顾，加深学习，并继续采取行动，发挥所学。**

这时，你再说什么就会妨碍对方体内的"隐性力量"，所以，重点不在于提出这样那样的意见和建议，最多就是为了让对方学成从旁帮助。

如此想来，有句格言无疑极为简洁而又完美地揭示了传授技巧、技能的要点：

不身教、言传、放手、夸奖，则人不动。

不协商、倾听、认可、放手，则人不成。

不心怀感激以视其行、不予以信任，则人不果。

什么记忆会给对方留下印象

你的记忆将改变第一印象

前面介绍了如何将本书技巧用于对方而非自身,以提高"传达技能"的方法。

下面,作为特别篇,再介绍一下与人初次见面时如何给人留下印象,如何强化这一印象,让自己留在对方的记忆里。

"第一印象决定一切。"

类似警句我们经常听到。这也是事实。而其原因,实际

上也是记忆。

大家都知道,给对方一个好印象,让人感觉你"这个人了不起"非常重要。这有利于商务活动的推进。

为实现这一点,可以采用下面这一方法:以自己的记忆力给对方留下强烈印象,并将这一印象留在他们的记忆里。

本书也曾介绍过,大脑的记忆非常粗枝大叶,也很暧昧,不善于记忆细节内容。并且,就像《前言》中写到的,因为很多人"能用智能手机上网搜索",所以对自身商务活动所需信息或知识的记忆已是大不如前。

也正因如此,与商务活动有关的详细信息或知识,只要你能干脆利落地娓娓道来,就能给对方留下强烈印象:"喔!这人太厉害了!"而这一印象也会留在对方的记忆里。

并且,一旦这一印象留在了对方的记忆里,那你以后的所有行动,都会被他们放到"厉害"的镜框中去看。这样一来,每次见面交谈,你第一次留下的"厉害"印象都会得到进一步强化。

所以,对你的第一印象的记忆,会极大地影响你此后的印象。

但你也不需要记住一切。实际上,有些信息和知识很容易让对方认为，你"这个人太厉害了"！

数字与名言是强化印象的铁打关键词

一是数字。

如果第一次跟你见面的一位客户负责人能把其所在行业或商品的相关数据准确到小数点以后，你会产生怎样的印象呢？

"这人记忆力惊人啊！"

或许有人会这样感叹。但很多人对此产生的印象是："这人是这一行业的专业人士，是专家啊！"

数字的力量就大到这种程度！

原因也很简单，**因为很多人都记不住详细数字，正因为自己记不住，就会对记住的人产生强烈印象。**

实际上，商务数字不同于资格考试，不但需要记的范围有限，还可以"作弊"。所以，如果感觉难记，那就把重要数字挑出来，记在资料的角落里，装作若无其事地看着说也完全可以。

另一个,就是在以古典作品为代表的书籍中出现的格言或名人名言。如果你能记住,并在交谈中娓娓道来,也会给别人留下好印象。**因为,这既能借助古典作品或名人的权威,也会让人感觉:"这人读书真扎实啊!"**

当然,你没必要读书破万卷,把内容都记住,而是预想一下"今天的贸易谈判可能会谈到这个",然后,只需记住一句与之吻合的语句再去谈就可以了。

如果没时间记在心里,就写到资料一角或笔记本里,说的时候扫一眼就可以。

如果某句话具有普遍适用性,那就能在各种情况下使用,用多了自然就能记住。慢慢地,只要遇到合适的场合,很自然地就会脱口而出。

要给对方留下好的印象,请一定要有效利用重要的数字、格言与名言等。

结　语

感谢您读完本书。

为帮您掌握各类商务技巧或技能，本书介绍了有效利用记忆的方法。您感觉如何呢？

我写这本书也是有原因的。

读高中的时候，我曾为严重"口吃"而烦恼。面对面勉强还能交流，但像打电话这种情况，如果人不在面前，那就根本说不出话来了。"这样下去，将来连工作都找不到了……"这种不安让我对人生充满了悲观。

有一天，顺路逛书店，一本书进入了我的眼帘。这本书是基于放松技法克服"口吃"的"自律训练法"。

当时，虽然心里想"根本就治不了"，但还是拿出仅有的一点儿零花钱，把书买了下来，并将信将疑地照着做了。

令人吃惊的是，我的"口吃"真的治好了！今天，我甚

至能在很多人面前演讲或开讲座了。

就是这一经历,让我深深感受到掌握新知识、新技巧、新技能的非凡之处,也感受到了一无所知是多么恐怖。于是,从那时起,我进行了大量的阅读。

并且,不只是读书,为学习掌握新的技巧与技能,我还参加了各种讲座,并去美国留学,等等,为之投入了大量的时间和金钱。

在这一过程中,我成了一个以了解、收集技巧为目的,即为技巧而技巧的"技巧收藏家",成了一个知道很多却又实践不了的"令人遗憾的人"。

意识到这一点时,我突然感觉,此前所有的努力全都化为了泡影,立时呆若木鸡!

而让我重新站起来的,就是本书介绍的"记忆管理法"。

有了这个方法,不就能让技巧或技能开花结果,转化为工作成果吗?

之后,我便在反复失败中不断摸索,将此前学到的各类技巧与技能接二连三地升华为了"实用商务技能",并借助这一力量打开了我职业生涯与人生的大门。

就像"幸福的青鸟"一样，**改变你人生的真正重要的东西，你已经拥有，它就以"记忆"的形式存在于你的体内。**

我写这本书，就是要告诉你这一点。

正在阅读本书的你，已然具备了不起的记忆力。剩下的，只是如何发挥其力量，如此而已。只要你以本书为指南管理自己的记忆，全面、有效地利用记忆的力量，就能打开那扇通往理想世界的大门。

记忆，以其巨大无比的力量驱动着我们。读过本书以后，你已然不同。

现在的你，有能力主动影响记忆了。

现在，就在这个瞬间，你的想法、愿望与行动，以及与你有关的一切，将不断改变你的记忆和你今后的工作与人生。

要被记忆控制，度过愤愤不平、牢骚满腹的一生，还是要管理你的记忆，亲手创造美好的人生？

这，只取决于你自己。

踏出一步！

继而，按照自己的愿望去开拓你的人生！

我，衷心支持你！

最后,向历时一年半,坚持不懈地给予我支持,并最终让本书面世的编辑重村启太先生致以衷心的感谢。

谢谢。

宇都出雅巳
2017 年春

参考文献

《实用论语》(安富步 筑摩书房)

《W·詹姆士作品集1 关于心理学——致教师与学生》(威廉·詹姆士 大坪重明译 日本教文社)

《记忆力日本冠军教给你:"战胜对手"的记忆术》(池田义博 世界文化社)

《GIVE & TAKE "给予者"才会成功的时代》(亚当·格兰特 楠木建监译 三笠书房)

《教养认识科学》(铃木宏昭 东京大学出版会)

《心随己愿——NLP:神经语言系统》(原田幸治 春秋社)

《潜意识·冲击力——情绪与潜在认知的时代》(下条信辅 筑摩书房)

《何谓集体智慧——网络时代的"智慧"走向》(西垣

通 中央公论新社)

《新内心战》《新内心高尔夫》(W·T·格尔威 后藤新弥译 日刊体育出版社)

《找回身体感觉——腰、腹文化再生》(齐藤孝 日本放送出版协会)

《锻造绝对实现精神的方法》(横山信弘 DIAMOND社)

《智慧编辑工学》(松冈正刚 朝日新闻社)

《超一流人才靠才能还是努力?》(安德斯·爱立信、罗伯特·普尔 土方奈美译 文艺春秋)

《链接脑科学——直逼"心的运作机制"的大脑研究》(理化学研究所脑科学综合研究中心编 讲谈社)

《睡待天职》(山口周 光文社)

《读书与社会科学》(内田义彦 岩波书店)

《自闭网络——Google·个性化·民主主义》(伊莱·帕里泽 井口耕二译 早川书房)

《向美国职业棒球联盟一流日本选手学习心理强化术》(高畑好秀 角川书店)

《商务人士"行为观察"入门》(松波晴人 讲谈社)

《Fast & Slow 上、下——你是如何做决定的？》（丹尼尔·卡尼曼　村井章子译　早川书房）

《何谓学习》（今井 MUTSUMI　岩波书店）